趣味学·Web 前端开发

PHP 程序设计案例教程

张金娜　万春旭　主　编
武　宏　邓来信　孙立友　周　颖　副主编

电子工业出版社
Publishing House of Electronics Industry
北京·BEIJING

内 容 简 介

本书基于项目式教学方法编写，将 PHP 编程语言的知识融入其中，相关知识包括 PHP 基础语法、表单处理、系统函数、自定义函数、Session、Cookie、文件操作、序列化、MySQL 数据库、PDO 模块、JSON 处理、包含文件等。此外，本书涉及的知识，可以让读者对"1+X"Web 前端开发职业技能等级证书（中级）考试中的 MySQL 数据库、PHP 技术与应用有一个根本的认识。

本书以收菜游戏为案例，将 PHP 编程语言的知识划分为 5 个模块，分别为会员登录、会员注册、信息持久化、耕种、收菜。每个模块都包括 5 个环节，分别为情景导入、任务分析、任务实施、拓展练习、测验评价。

本书内容详尽、结构清晰、图文并茂、通俗易懂，既突出基础知识，又重视实践应用。本书既可以作为职业院校计算机相关专业的教材，又可以作为 PHP 初学者、编程爱好者的参考用书。

未经许可，不得以任何方式复制或抄袭本书之部分或全部内容。
版权所有，侵权必究。

图书在版编目（CIP）数据

PHP 程序设计案例教程 / 张金娜，万春旭主编．—北京：电子工业出版社，2022.6
ISBN 978-7-121-43779-3

Ⅰ．①P… Ⅱ．①张… ②万… Ⅲ．①PHP 语言－程序设计－中等专业学校－教材 Ⅳ．①TP312.8

中国版本图书馆 CIP 数据核字（2022）第 101380 号

责任编辑：郑小燕　　　　　　特约编辑：田学清
印　　刷：北京盛通印刷股份有限公司
装　　订：北京盛通印刷股份有限公司
出版发行：电子工业出版社
　　　　　北京市海淀区万寿路 173 信箱　　邮编：100036
开　　本：880×1 230　　1/16　　印张：12　　字数：261 千字
版　　次：2022 年 6 月第 1 版
印　　次：2023 年 9 月第 2 次印刷
定　　价：49.80 元

凡所购买电子工业出版社图书有缺损问题，请向购买书店调换。若书店售缺，请与本社发行部联系，联系及邮购电话：（010）88254888，88258888。
质量投诉请发邮件至 zlts@phei.com.cn，盗版侵权举报请发邮件至 dbqq@phei.com.cn。
本书咨询联系方式：（010）88254550，zhengxy@phei.com.cn。

前 言

PHP 是全球较普及、应用较广泛的互联网开发语言。PHP 语言具有简单、易学、源代码开放、可操作多种数据库、支持面向对象编程、支持跨平台操作等特点，受到广大程序员的青睐和认可。PHP 目前拥有几百万名用户，发展速度很快。相信在经过不断发展后，PHP 定会成为互联网开发的主流语言。

本书特色

本书将收菜游戏作为教学案例。游戏案例运用的逻辑较简单、知识较多，既可以培养读者的学习兴趣，又可以覆盖大部分知识点。

本书在讲解 PHP 编程语言相关知识的同时，为读者提供了大量的拓展练习，通过这部分内容，读者可以对所学知识进行加强、巩固，从而获得更好的学习效果。

本书将 PHP 编程语言的知识点与收菜游戏案例有效地结合在一起，覆盖了 PHP 编程语言的大部分知识点，包括 PHP 基础语法、表单处理、系统函数、自定义函数、Session、Cookie、文件操作、序列化、MySQL 数据库、PDO 模块、JSON 处理、包含文件等。

建议读者在阅读本书的过程中，结合实际案例进行实践，从而提高学习效率，并且获得更多乐趣。对于本书拓展练习部分的在线做题资源和测验评价部分的在线测评资源，读者可登录华信教育资源网，免费下载所需的网址及实训码，提高自学效率。

本书作者

本书由张金娜、万春旭担任主编，武宏、邓来信、孙立友、周颖担任副主编，杨耿冰、马伟参加编写。

由于编者水平有限，书中不足与疏漏之处在所难免，欢迎广大读者批评指正。

目　　录

案例概述 1

模块1　会员登录 4

情景导入 4
任务分析 5
任务实施 5
拓展练习 44
测验评价 47

模块2　会员注册 48

情景导入 48
任务分析 49
任务实施 49
拓展练习 69
测验评价 72

模块3　信息持久化 73

情景导入 73
任务分析 74
任务实施 75
拓展练习 116
测验评价 120

模块4　耕种 121

情景导入 121

任务分析 122
任务实施 122
拓展练习 159
测验评价 164

模块 5　收菜 165

情景导入 165
任务分析 166
任务实施 166
拓展练习 182
测验评价 186

案例概述

一、网站开发概述

网站开发主要包含网站策划、页面设计、页面编程、域名注册查询、网站建设、网站推广、网站评估、网站运营等。

网站开发主要用于制作一些专业性较强的网站，如动态页面，开发语言包括 JSP、PHP、ASP.NET 等。

对于规模较大的组织和企业，网站开发团队可以由数百人（Web 开发者）组成。对于规模较小的企业，可能只需要一个永久的网站管理员或相关的工作人员，如平面设计师或信息系统技术人员。

二、PHP 编程技术

PHP（Hypertext Preprocessor，超文本预处理器）是一种易于学习和使用的服务器端脚本语言。只需要很少的编程知识，就能使用 PHP 建立一个可交互的 Web 站点。在网站运行过程中，PHP 服务器端通常只有一个，而客户端可以有多个，如图 0-1 所示。

可以将 PHP 页面文件当作一般 HTML 页面文件进行处理。在编辑 PHP 页面文件时，可以用编写 HTML 代码的方法编写 PHP 代码。

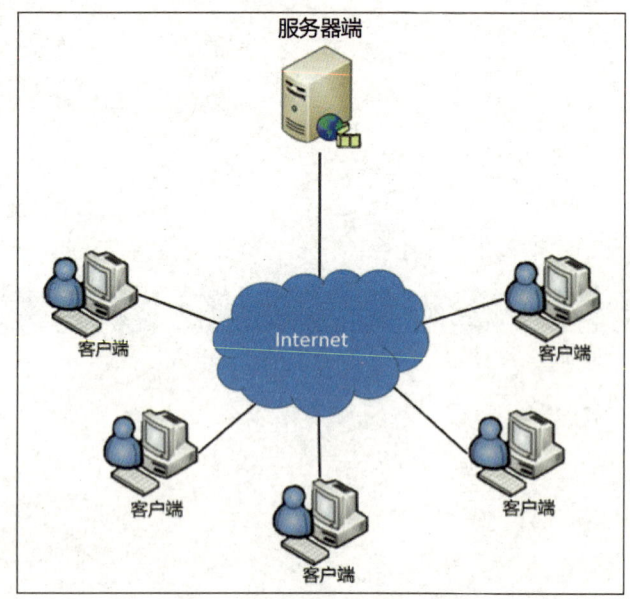

图 0-1　客户端-服务器端

　　PHP 是一门非常容易学习和使用的计算机编程语言，它的语法特点类似于 C 语言的语法特点，但不像 C 语言有复杂的地址操作。此外，PHP 加入了面向对象的概念，并且具有简洁的语法规则，因此其使用方法非常简单，实用性很强。

　　Web 开发人员只需要编写简单的代码，就可以轻松地访问数据库。PHP 连接 MySQL 数据库常用的两种方式为 PHP mysqli 扩展和 PHP PDO（数据对象）。

　　PHP 编程语言的优势如下。

- 易学。PHP 的语法混合了 C 语言、Java、Perl 编程语言的特点。对有一定开发语言基础的人员来说，PHP 比较容易掌握。
- 开源。PHP 的源代码是公开的，开源代码具有更强的可靠性和安全性。
- 跨平台。PHP 支持大部分操作系统，如 Windows、Linux 等。
- 面向对象。PHP 具有所有面向对象编程语言的特点，如易维护、效率高、易扩展等。
- 免费。LAMP 开发环境"Linux + Apache + MySQL + PHP"组合全部免费，可以为企业减少开支。
- 速度快。PHP 是一种强大的 CGI 脚本语言，其执行速度比 Perl、ASP 等语言的执行速度更快，占用的系统资源更少。

三、案例介绍

　　本书通过讲解收菜游戏案例，将 PHP 编程语言的知识点融入其中，既可以提高学生的学习兴趣，又可以保证覆盖教学体系的知识点，从而获得更好的教学效果。

　　收菜游戏案例是一个比较经典的页面游戏。该游戏虽然在游戏操纵及玩法上比较简单，但在程序的编写上并不比其他游戏案例涵盖的知识点少。该案例覆盖了 PHP 的大部分知识点，包括 PHP 基础语法、表单处理、系统函数、自定义函数、Session、Cookie、文件操作、序列化、MySQL 数据库、PDO 模块、JSON 处理、包含文件等。

通过对本书的学习，读者最终可以完成收菜游戏的制作。此外，本书按照知识点与制作流程，将完整的收菜游戏案例拆解成 5 个模块，每个模块都有明确的学习目标，如模块 4 的学习目标及模块知识点如图 0-2 所示。

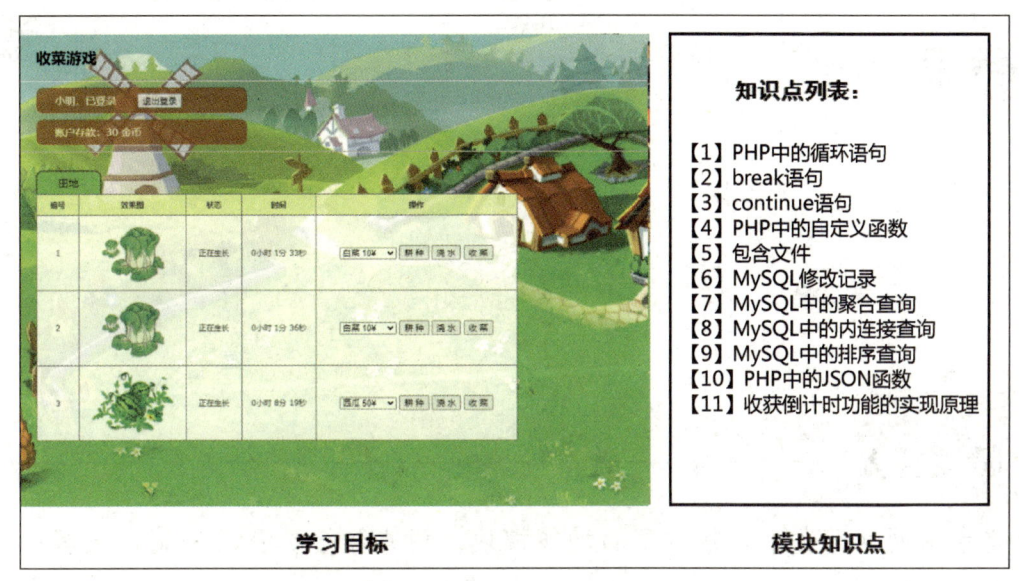

图 0-2　模块 4 的学习目标及模块知识点

本书在讲解 PHP 知识点时，会针对不同的知识点提供完备的练习题及参考代码，方便读者巩固当前所学的知识。

通过对本书的学习，不但能够掌握 PHP 的相关知识点，而且能够独立运用 PHP 语言编写更加复杂的案例，为以后从事网站开发相关工作打下良好的基础。

模块 1

会员登录

　　会员登录是网站开发中非常常见的功能模块。用户在会员登录表单中填写用户名和密码并提交表单，然后通过 PHP 的表单数据处理功能，获得表单提交的信息，并且对提交的用户名、密码进行验证，从而实现会员登录功能，如图 1-1 所示。

图 1-1　会员登录

任务分析

会员登录功能的实现，通常需要两个文件完成，如图 1-2 所示。index.php 文件主要用于制作会员登录的表单页面，用户可以在该页面中填写用户名和密码并提交表单。login.php 文件可以通过 PHP 的表单数据处理功能，获得表单提交的信息，并且对提交的用户名、密码进行验证，从而实现会员登录功能。

图 1-2 实现会员登录功能的两个文件

会员登录功能在整体的实现上，可以划分为以下 3 个步骤。

（1）制作会员登录表单页面。

（2）获取表单提交的信息。

（3）会员登录验证。

任务实施

步骤 1：制作会员登录表单页面

会员登录表单页面中主要包含使用 HTML、CSS 制作的一个表单，用户可以在该表单中填写用户名、密码并提交。

会员登录表单页面可以是一个 HTML 文件，也可以是一个 PHP 文件，二者之间的差别主要在于，在 HTML 文件中只可以编写 HTML、CSS、JavaScript 等代码，在 PHP 文件中则可以在上述代码中嵌入 PHP 代码。下面创建一个 index.php 文件，用于制作会员登录表单页面。

【知识链接】PHP 简介

PHP 是一种运行在服务器端的通用开源脚本语言，目前主要用于进行 Web 网站开发。在 Web 网站运行过程中，服务器端通常只有一个，而客户端可以有多个，如图 1-3 所示。

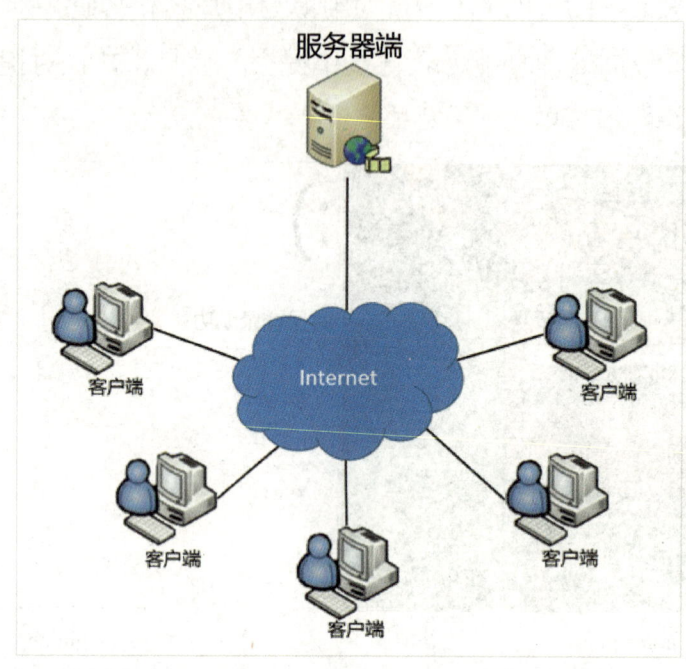

图 1-3　客户端-服务器端

客户端：又称为用户端，主要用于为客户提供本地服务。在一般情况下，客户端就是我们使用的计算机，包括我们使用的浏览器，如 IE、Firefox、Chrome 等。

服务器端：主要用于为客户端提供服务，服务的内容包括向客户端提供资源、保存客户端数据等。

【知识链接】PHP 标记符

在学习 PHP 之前，需要对 HTML、CSS、JavaScript 有一定的了解，因为 PHP 文件中可以包含 HTML、CSS、JavaScript、PHP 代码。PHP 文件的扩展名为 ".php"。

在通常情况下，PHP 代码会被嵌入 HTML 文档。在 PHP 7.0+ 中，将 PHP 代码嵌入 HTML 文档的方法有以下两种。

1. 默认方法

使用标记符 "<?php" 和 "?>" 分隔 PHP 代码。通过这种方法，可以在 HTML 文档中的任意位置嵌入 PHP 代码。

示例代码如下：

```
<!DOCTYPE html>
<html>
  <head>
    <title>第1个PHP程序</title>
    <meta charset="utf-8" />
  </head>
  <body>
<?php
    echo "这里是PHP代码";
?>
  </body>
</html>
```

代码讲解：

```
<?php
    echo "这里是PHP代码";
?>
```

使用标记符"<?php"和"?>"在HTML文档中嵌入PHP代码。

echo：PHP的输出语句，主要用于向浏览器页面输出要显示的内容。

2. 简单方法

通过标记符"<?"和"?>"分隔PHP代码，即去掉默认方法中的"php"关键字。

示例代码如下：

```
<!DOCTYPE html>
<html>
  <head>
    <title>第1个PHP程序</title>
    <meta charset="utf-8" />
  </head>
  <body>
<?
    echo "这里是PHP代码";
?>
  </body>
</html>
```

代码讲解：

```
<?
    echo "这里是PHP代码";
?>
```

使用标记符"<?"和"?>"在 HTML 文档中嵌入 PHP 代码。

echo：PHP 的输出语句，主要用于向浏览器页面输出要显示的内容。

PHP 标记符的特点如下。

- 可以出现在页面中的任意位置。
- 在同一个页面中可以出现多次。
- 不能嵌套。
- 标记符中只能出现 PHP 代码。
- 标记符中的所有代码都运行在服务器端。

下面创建一个 index.php 文件，用于制作会员登录表单页面。index.php 文件中的代码如下：

```html
<!DOCTYPE html>
<html>
  <head>
    <title>收菜游戏案例</title>
    <meta charset="utf-8" />
    <link href="css/cai.css" type="text/css" rel="stylesheet" />
    <script type="text/javascript" src="js/jquery-1.8.3.min.js"></script>
    <script type="text/javascript">
      //登录验证
      function login(){
        if($("#username").val() == ""){
          alert("登录名称不能为空！");
          $("#username").focus();
          return false;
        }
        else if($("#password").val() == ""){
          alert("登录密码不能为空！");
          $("#password").focus();
          return false;
        }
      }
    </script>
  </head>
  <body>

    <!-- 登录表单 -->
```

```
        <form name="login_form" method="post" action="login.php" onsubmit="return login()">
          <div class="bg">
            <div class="login">
              <div class="login_items1">
                <div>登录名称：</div>
                <div><input type="text" id="username" name="username" class="login_txt"/></div>
              </div>
              <div class="login_items2">
                <div>登录密码：</div>
                <div><input type="password" id="password" name="password" class="login_txt" /></div>
              </div>
              <div class="login_items3">
                <input type="checkbox" id="remember" name="remember" />记住用户名和密码
              </div>
              <div class="login_items3">
                <span>没有账号？</span><a href="#" class="a1">去注册&raquo;</a>
              </div>
              <div class="login_items4">
                <input type="submit" value="登录" class="btn1" />
              </div>
            </div>
          </div>
        </form>
      </body>
    </html>
```

代码讲解：

```
        <form name="login_form" method="post" action="login.php" onsubmit="return login()">
          ...
        </form>
```

创建会员登录的表单，并且设置表单相关参数。

method="post"：设置表单提交方式为 POST。

action="login.php"：设置表单的提交地址为 login.php 文件。

上述代码的运行效果如图 1-4 所示。

图 1-4 会员登录表单页面

步骤 2：获取表单提交的信息

通过 PHP 的表单数据处理功能可以获取会员登录表单提交的用户名、密码，并且将其存储于相应的 PHP 变量中。

【知识链接】变量

1. 定义变量

变量是计算机语言中存储信息的容器，变量可以借助于变量名进行访问。PHP 是一种弱类型语言，在使用 PHP 定义变量时，并不需要指定变量的数据类型。

使用 PHP 定义变量的语法格式如下：

$变量名；

或者

$变量名 = 值；

示例代码如下：

```
<!DOCTYPE html>
<html>
  <head>
    <title>PHP 定义变量</title>
    <meta charset="utf-8" />
  </head>
  <body>
<?php
    $score = 97;
```

```
    $userName = "小明";
?>
  </body>
</html>
```

代码讲解：

```
    $score = 97;
    $userName = "小明";
```

$score=97：定义一个变量$score 并赋值，变量名为 score，变量值为 97。

$userName="小明"：定义一个变量$userName 并赋值，变量名为 userName，变量值为 "小明"。

PHP 变量的命名规则如下：

- PHP 变量的定义由前缀符号 "$" 和变量名两部分组成。
- 变量名由字母、数字、下画线组成，第 1 个字符不能是数字。
- 不能将 PHP 关键字和保留字作为变量名。
- 变量名对大小写敏感。

2. PHP 中的注释

PHP 中的注释有单行注释和多行注释两种格式。

示例代码如下：

```
<!DOCTYPE html>
<html>
  <head>
    <title>PHP 注释</title>
    <meta charset="utf-8" />
  </head>
  <body>
<?php
    /*
     * 定义变量
     * $score 变量，用于存储考试成绩
     * $userName 变量，用于存储姓名
     */
    $score = 97;                        //成绩
    $userName = "小明";                 //姓名
?>
  </body>
</html>
```

代码讲解：

1）多行注释。

```
/*
 * 定义变量
 * $score 变量，用于存储考试成绩
 * $userName 变量，用于存储姓名
 */
```

向程序中添加多行注释。

2）单行注释。

```
$score = 97;                    //成绩
$userName = "小明";             //姓名
```

向程序中添加单行注释。

【知识链接】数据类型

数据类型是指变量中存储的数据的类型。

PHP 的数据类型可以分为标量数据类型、复合数据类型、特殊数据类型，如表 1-1 所示。

表 1-1 数据类型分类

数据类型种类	具体的数据类型
标量数据类型	Integer、Float、String、Boolean
复合数据类型	Array、Object
特殊数据类型	Resource、NULL

注：本节只介绍标量数据类型。复合数据类型、特殊数据类型将在后续章节进行详细介绍。

标量数据类型是基本的数据类型，在 PHP 中，标量数据类型分为 4 种，如表 1-2 所示。

表 1-2 标量数据类型

数据类型	中文	说明
Integer	整型	存储一个整数，包含正整数、0、负整数
Float	浮点型	存储一个小数，也可以用于存储整数
Boolean	布尔型	存储 true 或 false，true 表示真，false 表示假
String	字符串型	存储一个字符串，字符串必须用英文双引号或英文单引号引起来

1. 标量数据类型介绍

1）Integer。

Integer 是整型，可以用十进制数、二进制数、八进制数、十六进制数表示，默认采用十进制数。

在数字前面加上 0，可以表示八进制数；在数字前面加上 0x，可以表示十六进制数，在数字前面加上 0b，可以表示二进制数。

使用方法如下：

```
$a = 12;                //十进制数
$c = 013;               //八进制数
$d = 0b1010;            //二进制数
$e = 0x3f;              //十六进制数
```

2）Float。

Float 是浮点型，又称为双精度型或实数型。

使用方法如下：

```
$a = 3.14;              //小数
$b = 1.2e3;             //科学计数法，表示 1.2 乘 10 的 3 次方
$c = 7e-3;              //科学计数法，表示 7 乘 10 的-3 次方
```

3）Boolean。

Boolean 是布尔型，只有两个值，分别为 true 和 false，布尔型通常用在判断语句中。

使用方法如下：

```
$a = true;              //布尔型变量为真
$b = false;             //布尔型变量为假
```

4）String。

String 是字符串型，由一系列字符连接而成，字符串需要用英文双引号或英文单引号引起来。

使用方法如下：

```
$a = "F";               //存储一个字符
$b = "HelloWorld";      //存储英文字母
$c = "北京";            //存储汉字
$d = 'PHP 编程语言';    //存储单引号字符串
```

2. 英文双引号和英文单引号的区别

- 英文双引号中的变量会被解析。
- 英文单引号中的变量不会被解析。

示例代码如下：

```
<!DOCTYPE html>
<html>
  <head>
    <title>单引号和双引号区别</title>
    <meta charset="utf-8" />
  </head>
```

```
<body>
<?php
    $age = 15;

    $msg1 = '小明的年龄为：{$age}';
    $msg2 = "小明的年龄为：{$age}";

    echo $msg1;//输出结果：小明的年龄为：{$age}
    echo $msg2;//输出结果：小明的年龄为：15
?>
</body>
</html>
```

代码讲解：

1）单引号字符串。

```
$msg1 = '小明的年龄为：{$age}';
```

使用英文单引号定义一个字符串型的变量$msg1，变量名为msg1。

$age：将$age变量的值嵌入$msg1变量中存储的字符串。

💡注意：$msg1变量中存储的是单引号字符串，所以字符串中的$age变量不会被程序解析。

2）双引号字符串。

```
$msg2 = "小明的年龄为：{$age}";
```

使用英文双引号定义一个字符串型的变量$msg2，变量名为msg2。

$age：将$age变量的值嵌入$msg2变量中存储的字符串。

💡注意：$msg2变量中存储的是双引号字符串，所以字符串中的$age变量会被程序解析。

3. PHP 转义字符

PHP会对英文双引号中的一些特殊字符进行解析，可以通过转义显示这些特殊字符。常用的转义字符如表1-3所示。

表1-3 常用的转义字符

转义字符	说　明
\b	退格（BS），将当前位置移动到前一列
\n	换行（LF），将当前位置移动到下一行开头
\r	回车（CR），将当前位置移动到本行开头
\t	水平制表符（HT），跳转到下一个Tab位置
\v	垂直制表符（VT）
\\	反斜杠字符"\"

续表

转 义 字 符	说　　明
\'	单引号字符
\"	双引号字符
\?	问号
\0	空字符（NULL）

示例代码如下：

```
<!DOCTYPE html>
<html>
  <head>
    <title> </title>
    <meta charset="utf-8" />
  </head>
  <body>
<?php

    $html = "<font color=\"red\" size=\"5\">PHP 在线学习</font>";

    echo $html;//输出结果：<font color="red" size="5">PHP 在线学习</font>
?>
  </body>
</html>
```

代码讲解：

`$html = "<font color=\"red\" size=\"5\">PHP 在线学习</font>";`

使用转义字符处理双引号。

\"：转义字符，主要用于在当前字符串中显示一个英文双引号。

【知识链接】常量

常量是指值不会发生变化的量，具有全局性，能在整个脚本中贯穿使用。常量值一旦被定义，该值在脚本执行期间就不能改变或取消定义。

1. 常量的定义

自定义常量的语法格式如下：

`define(key,value);`

示例代码如下：

```
<!DOCTYPE html>
<html>
```

```
  <head>
    <title>自定义常量</title>
    <meta charset="utf-8" />
  </head>
  <body>
<?php
    //定义常量，常量名为PI，常量值为3.14
    define("PI",3.14);

    //输出常量PI的值
    echo PI;
?>
  </body>
</html>
```

代码讲解：

1）定义常量。

```
define("PI",3.14);
```

定义常量，常量名为 PI，常量值为 3.14。

2）使用常量。

```
echo PI;
```

将常量 PI 的值输出到浏览器页面中。

2. 魔术常量

魔术常量是 PHP 中的系统常量，又称为预定义常量。常用的魔术常量如表 1-4 所示。

表 1-4 常用的魔术常量

常　量　名	说　　明
__LINE__	返回当前代码的行号
__FILE__	返回当前文件的完整路径
__CLASS__	返回当前类的名称（区分大小写）
__METHOD__	返回当前类的方法名（包含类名称）
__FUNCTION__	返回当前函数的名称（包含类名称）

【知识链接】输出语句

输出语句主要用于将数据输出到浏览器页面中。PHP 中常用的输出语句包括 echo 语句、print 语句、print_r 语句、var_dump 语句。

1. echo 语句

echo 语句主要用于输出一个或多个字符串。

使用方法如下：

```
$city = "北京";
echo $city;                          //输出结果：北京
echo "<h2>PHP 很有趣！</h2>";         //输出结果：<h2>PHP 很有趣！</h2>
echo "我住在{$city}";                 //输出结果：我住在北京
echo "这是一个","完整的","字符串";     //输出结果：这是一个完整的字符串
```

2. print 语句

print 语句主要用于输出一个字符串。

使用方法如下：

```
$city = "北京";
print $city;                         //输出结果：北京
print "<h2>print 输出语句</h2>";      //输出结果：<h2>print 输出语句</h2>
print "我住在{$city}";                //输出结果：我住在北京
```

3. print_r 语句

print_r 语句主要用于打印变量，使变量以更易于理解的形式展示出来。

使用方法如下：

```
$cityList = array("北京","上海","天津");
print_r($cityList); //输出结果：Array ( [0] => 北京 [1] => 上海 [2] => 天津 )
```

4. var_dump 语句

var_dump 语句主要用于输出变量的相关信息。

使用方法如下：

```
$city = "北京";
$year = 2020;
var_dump($city);  //输出结果：string(6) "北京"
var_dump($year);  //输出结果：int(2020)
```

【知识链接】header()函数

header()函数是 PHP 中的系统函数，主要用于向客户端发送原始的 HTTP 报头。

header()函数的常用功能如下：

- 设置文档类型及编码。
- 页面重定向。

1. 设置文档类型及编码

设置文档类型及编码，可以决定浏览器以什么形式、什么编码显示当前页面。

header()函数的语法格式如下：

```
header("content-type:文档类型; charset=字符集编码");
```

示例代码如下：

```
<?php
header("content-type:text/html;charset=utf-8");
echo "<h2>设置文档类型及编码<h2>";
```

代码讲解：

```
header("content-type:text/html;charset=utf-8");
```

设置当前页面的文档类型为 text/html、字符集编码为 utf-8。

> 💡 **注意：**
> - 在 header() 函数之前不能有任何形式的输出。
> - 在纯 PHP 代码文件中，标记符 "?>" 可以省略不写。

常用的文档类型如表 1-5 所示。

表 1-5　常用的文档类型

文件扩展名	Content-Type(Mime-Type)	描　　述
.txt	text/plain	纯文本类型
.html	text/html	HTML 格式的文本类型
.xml	text/xml	XML 格式的文本类型
.jpg、.jpeg	image/jpeg	JPEG 格式的图像类型
.gif	image/gif	GIF 格式的图像类型
.png	image/png	PNG 格式的图像类型
.ppt	application/vnd.ms-powerpoint	Microsoft PowerPoint 类型
.pdf	application/pdf	PDF 格式的文档类型
.mp3	audio/mp3	MP3 格式的音频文件类型
.mp4	video/mpeg4	MP4 格式的视频文件类型
.avi	video/avi	AVI 格式的视频文件类型

注：文档类型除了上面列举的还有很多。

常用的字符集编码如表 1-6 所示。

表 1-6　常用的字符集编码

字符集编码	语　　言	占　用　空　间
gb2312	简体中文	一个汉字占用两字节存储空间
gbk	简体中文、繁体中文	一个汉字占用两字节存储空间
utf-8	各国文字	一个汉字占用三字节存储空间

2. 页面重定向

页面重定向主要用于实现浏览器页面的自动跳转。

页面重定向的语法格式如下：

```
header("location : 跳转地址");
```

示例代码如下：

```
<?php
header("location:http://127.0.0.1/test.html");
```

代码讲解：

```
header("location:http://127.0.0.1/test.html");
```

通过 header() 函数实现浏览器页面的自动跳转，跳转地址为本地服务器，即自己的计算机。

【知识链接】字符串拼接

字符串拼接可以将两个或多个字符串拼接成一个新的字符串。在 PHP 中，拼接字符串的常用方法有以下两种。

1. 连接运算符"."

使用连接运算符"."可以将运算符左、右两侧的字符串拼接成一个新的字符串。

示例代码如下：

```
<?php
header("content-type:text/html;charset=utf-8");

$userName = "张小明";
$age = 15;

//通过连接运算符".",拼接字符串
echo "姓名为: ".$userName.",年龄为: ".$age;  //输出结果：姓名为：张小明,年龄为：15
```

代码讲解：

```
echo "姓名为: ".$userName.",年龄为: ".$age;
```

通过连接运算符"."拼接字符串，将字符串 "姓名为："、变量$userName、字符串",年龄为：" 和变量$age 拼接成一个新的字符串"姓名为：张小明，年龄为 15"。

2. 内嵌变量

PHP 允许在双引号字符串中通过内嵌变量的方式拼接字符串。

示例代码如下：

```
<?php
```

```
header("content-type:text/html;charset=utf-8");

$userName = "张小明";
$age = 15;

//通过内嵌变量的方式拼接字符串
echo "姓名为：{$userName}，年龄为：{$age}<br/>";//输出结果：姓名为：张小明，年龄为：15
echo "姓名为： $userName ，年龄为： $age <br/>";//输出结果：姓名为： 张小明 ，年龄为： 15
```

代码讲解：
```
echo "姓名为：{$userName}，年龄为：{$age}<br/>";
echo "姓名为： $userName ，年龄为： $age <br/>";
```
通过内嵌变量的方式拼接字符串。

注意：如果内嵌变量不使用花括号{}括起来，那么该变量可能会与其他字符混淆，为了避免发生这种情况，可以在变量的前后添加空格。

【知识链接】PHP 表单处理

表单是 PHP 与 Web 页面交互的方法之一，表单提交数据的方式有两种，分别为 GET 请求方式和 POST 请求方式。

针对表单的两种提交方式，PHP 提供了 3 个全局变量，分别为 $_GET、$_POST、$_REQUEST，用于获取表单提交的数据。

1. $_GET

$_GET 主要用于获取表单以 GET 请求方式提交的数据。
$_GET 的语法格式如下：
```
$变量 = $_GET["表单元素名"];
```

2. $_POST

$_POST 主要用于获取表单以 POST 请求方式提交的数据。
$_POST 的语法格式如下：
```
$变量 = $_POST["表单元素名"];
```

3. $_REQUEST

$_REQUEST 主要用于获取表单以任意请求方式提交的数据。
$_REQUEST 的语法格式如下：
```
$变量 = $_REQUEST["表单元素名"];
```

下面利用 PHP 的表单数据处理功能，获取步骤 1 中会员登录表单页面（index.php 文件对应的页面）提交的用户名、密码。在 index.php 文件的同级目录下创建 login.php 文件，并且编写如下代码。

```
<?php
header("content-type:text/html;charset=utf-8");

$userName = $_POST["username"];
$password = $_POST["password"];

echo "用户名：{$userName}<br/><br/>";
echo "密码：{$password}";
```

代码讲解：

1）获取表单提交的用户名。

```
$userName = $_POST["username"];
```

通过 $_POST 获取表单以 POST 请求方式提交的用户名。

$userName：定义变量，用于存储表单提交的用户名。

$_POST["username"]：获取表单提交的用户名，username 是表单元素 name 属性的值。

2）获取表单提交的密码。

```
$password = $_POST["password"];
```

通过 $_POST 获取表单以 POST 请求方式提交的密码。

$password：定义变量，用于存储表单提交的密码。

$_POST["password"]：获取表单提交的密码，password 是表单元素 name 属性的值。

3）输出表单提交的数据。

```
echo "用户名：{$userName}<br/><br/>";
echo "密码：{$password}";
```

通过 PHP 输出语句，将表单提交的用户名、密码输出到浏览器页面中。

💡 注意：可以尝试修改 index.php 文件中<form>标签的 method 属性，使表单以不同的请求方式提交数据，可以发现 login.php 文件的输出结果都是相同的。

上述代码的运行效果如图 1-5 所示。

【知识链接】URL 传参

URL 传参又称为问号传参，是 PHP 与 Web 页面交互的方法之一。

URL 传参可以模拟表单的 GET 请求方式，在页面跳转的过程中，使用 "?" 符号在 URL 中添加参数，从而实现跨页面传参的功能。

index.php　　　　　　　　　　　　　login.php

图 1-5　获取表单提交的数据

URL 传参的语法格式如下：

```
http://localhost/xxx.php?参数名=参数值&参数名=参数值...
```

下面创建一个名称为 index.php 的文件。index.php 文件中的代码如下：

```
<!DOCTYPE html>
<html>
  <head>
    <title>URL 传参</title>
    <meta charset="utf-8" />
  </head>
  <body>

    <!-- 通过超链接，实现 URL 传参 -->
    <a href="check.php?id=1&name=Tom&age=15">跳转页面</a>

  </body>
</html>
```

代码讲解：

`<a href="check.php?id=1&name=Tom&age=15">跳转页面</a>`

通过超链接实现 URL 传参功能。

check.php：要跳转到的页面地址。

?：主要用于在 URL 中传递参数。

id=1：URL 中传递的参数，id 是参数名称，1 是参数值。

name=Tom：URL 中传递的参数，name 是参数名称，Tom 是参数值。

age=15：URL 中传递的参数，age 是参数名称，15 是参数值。

在 index.php 文件对应的页面中单击"跳转页面"超链接，页面会跳转到同级目录下的 check.php 文件对应的页面。check.php 文件中的代码如下：

```php
<?php
header("content-type:text/html;charset=utf-8");

//获取URL中的参数值
$id = $_GET["id"];
$name = $_GET["name"];
$age = $_GET["age"];

//输出接收到的数据
echo "id: {$id}<br/>";
echo "name: {$name}<br/>";
echo "age: {$age}<br/>";
```

代码讲解：

```php
$id = $_GET["id"];
$name = $_GET["name"];
$age = $_GET["age"];
```

通过 $_GET 获取 URL 中的参数值。

$_GET["id"]：获取 URL 中参数名称为 id 的参数值。

$_GET["name"]：获取 URL 中参数名称为 name 的参数值。

$_GET["age"]：获取 URL 中参数名称为 age 的参数值。

上述示例代码的运行效果如图 1-6 所示。

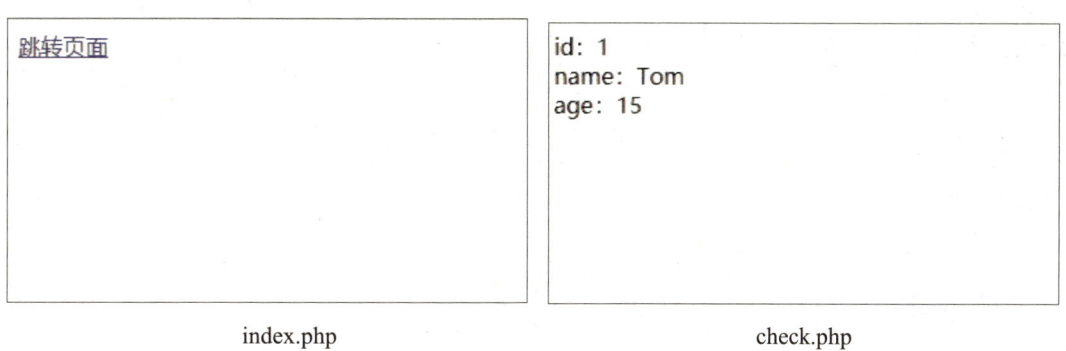

图 1-6　获取 URL 中的参数值

步骤 3：会员登录验证

会员登录验证是指通过 PHP 的判断语句，对会员登录表单提交的用户名、密码进行判断，实现会员登录成功与失败的验证功能。

【知识链接】if 语句

判断语句主要用于调整程序语句的执行顺序，从而控制程序的执行流程。PHP 中的判断语句有两种，分别为 if 语句和 switch 语句。

if 语句的语法结构分为 3 种情况：if 结构、if-else 结构、elseif 结构。

1. if 结构

if 结构的语法格式如下：

```
if(条件){
    相关代码；
}
```

 说明：如果"条件"成立，则执行花括号{}中的"相关代码"。

示例代码如下：

```
<?php
header("content-type:text/html;charset=utf-8");

$age = 19;

if($age >= 18){
    echo "你已成年";
}
```

代码讲解：

```
if($age >= 18) {
    echo "你已成年";
}
```

如果$age 变量的值大于或等于 18，那么在浏览器页面中输出"你已成年"。

if：表示当前是判断语句。

$age>=18：判断的条件。

{}：左、右花括号，表示判断语句的开始与结束。

echo "你已成年"：当判断条件成立时要执行的代码。

2. if-else 结构

if-else 结构的语法格式如下：

```
if(条件){
    相关代码 1；
}
```

```
else{
    相关代码2;
}
```

📢 **说明**：如果"条件"成立，则执行"相关代码1"，否则执行"相关代码2"。

示例代码如下：

```php
<?php
header("content-type:text/html;charset=utf-8");

$a = 10;

if($a > 20){
    echo "a 大于 20";
}
else{
    echo "a 不大于 20";
}
```

代码讲解：

```
if($a > 20){
    echo "a 大于 20";
}
else{
    echo "a 不大于 20";
}
```

如果$a 变量的值大于 20，那么在浏览器中输出"a 大于 20"，否则在浏览器中输出"a 不大于 20"。

3. elseif 结构

elseif 结构的语法格式如下：

```
if(条件1){
    相关代码1;
}
elseif(条件2){
    相关代码2;
}
......
elseif(条件n){
    相关代码n;
}
else{
```

相关代码 n+1;
}

> **说明**：如果"条件1"成立，则执行"相关代码1"；如果"条件2"成立，则执行"相关代码2"，以此类推。如果所有判断条件都不成立，则执行 else 语句中的"相关代码 n+1"。

示例代码如下：

```php
<?php
header("content-type:text/html;charset=utf-8");

$a = 30;

if($a < 20){
    echo "a 小于 20";
}
elseif($a > 20){
    echo "a 大于 20";
}
else{
    echo "a 等于 20";
}
```

代码讲解：

```
if($a < 20){
    echo "a 小于 20";
}
elseif($a > 20){
    echo "a 大于 20";
}
else{
    echo "a 等于 20";
}
```

如果$a 变量的值小于 20，那么在浏览器中输出"a 小于 20"；如果$a 变量值大于 20，那么在浏览器中输出"a 大于 20"；否则在浏览器中输出"a 等于 20"。

【知识链接】switch 语句

switch 语句主要用于根据多分支条件执行不同的代码。使用 switch 语句可以使代码变得简洁，提高执行效率。

switch 语句的语法格式如下：

```
switch(表达式){
    case 结果 1:
```

```
            相关代码1;
            break;
        case 结果2:
            相关代码2;
            break;
        ……
        case 结果n:
            相关代码n;
            break;
        default:
            默认代码;
}
```

📢 **说明**：如果"表达式"的值等于"结果1"，则执行"相关代码1"；如果"表达式"的值等于"结果2"，则执行"相关代码2"；以此类推。如果"表达式"的值与所有case的值都不匹配，则执行default语句中的"默认代码"。

示例代码如下：

```
<?php
header("content-type:text/html;charset=utf-8");

$age = 20;

switch ($age){
    case 1:
        echo "出场亮相";
        break;
    case 10:
        echo "天天向上";
        break;
    case 20:
        echo "远大理想";
        break;
    case 30:
        echo "基本定向";
        break;
    default:
        echo "未知";
}
```

代码讲解：

```
switch ($age){
    case 1:
```

```
        echo "出场亮相";
        break;
    case 10:
        echo "天天向上";
        break;
    case 20:
        echo "远大理想";
        break;
    case 30:
        echo "基本定向";
        break;
    default:
        echo "未知";
}
```

如果$age 变量的值等于 1，那么在浏览器中输出"出场亮相"；如果$age 变量的值等于 10，那么在浏览器中输出"天天向上"；如果$age 变量的值等于 20，那么在浏览器中输出"远大理想"；如果$age 变量的值等于 30，那么在浏览器中输出"基本定向"；如果$age 变量的值与所有 case 的值都不匹配，那么在浏览器中输出"未知"。

【知识链接】运算符

运算符是对数据、变量和常量进行计算的符号。PHP 中常用的运算符有算术运算符、比较运算符、逻辑运算符、连接运算符、赋值运算符、递增/递减运算符、三元运算符、错误抑制符。

1. 算术运算符

PHP 中的算术运算符主要用于进行简单的数学运算，如表 1-7 所示。

表 1-7　PHP 中的算术运算符

运算符	说明	示例
+	加法	$a + $b
-	负数、减法	-$a、$a-$b
*	乘法	$a * $b
/	除法	$a / $b
%	求模（求余数）	$a % $b

示例代码如下：

```
<?php
header("content-type:text/html;charset=utf-8");
```

```php
$a = 10;
$b = 7;

$result = $a + $b;
echo "加法：{$result}<br/><br/>";

$result = $a - $b;
echo "减法：{$result}<br/><br/>";

$result = $a * $b;
echo "乘法：{$result}<br/><br/>";

$result = $a / $b;
echo "除法：{$result}<br/><br/>";

$result = $a % $b;
echo "求模：{$result}<br/><br/>";
```

代码讲解：

1）加法。

```php
$result = $a + $b;
```

计算变量$a、$b 的和。

2）减法。

```php
$result = $a - $b;
```

计算变量$a、$b 的差。

3）乘法。

```php
$result = $a * $b;
```

计算变量$a、$b 的积。

4）除法。

```php
$result = $a / $b;
```

计算变量$a、$b 的商。

5）求模。

```php
$result = $a % $b;
```

计算变量$a 除以$b 的余数。

2. 比较运算符

PHP 中的比较运算符主要用于比较两个变量值之间的大小关系，如表 1-8 所示。

表 1-8 PHP 中的比较运算符

运算符	说 明	示 例
<	小于	$a<$b，若$a 变量的值小于$b 变量的值，则返回 true
<=	小于或等于	$a<=$b，若$a 变量的值小于或等于$b 变量的值，则返回 true
>	大于	$a>$b，若$a 变量的值大于$b 变量的值，则返回 true
>=	大于或等于	$a>=$b，若$a 变量的值大于或等于$b 变量的值，则返回 true
==	等于	$a==$b，若$a 变量的值等于$b 变量的值，则返回 true
!=	不等于	$a!=$b，若$a 变量的值不等于$b 变量的值，则返回 true
===	全等	$a===$b，若$a 变量的值等于$b 变量的值，并且$a 变量与$b 变量的类型相同，则返回 true
!==	非全等	$a!==$b，若$a 变量的值不等于$b，或者$a 变量与$b 变量的类型不同，则返回 true
<=>	组合比较符	$a<=>$b，若$a 变量的值小于$b 变量的值，则返回-1；若$a 变量的值等于$b 变量的值，则返回 0；若$a 变量的值大于$b 变量的值，则返回 1
??	空合并符	$a??$b??$c，返回从左到右的第 1 个不为 NULL 的变量值

示例代码如下：

```
<?php
header("content-type:text/html;charset=utf-8");
$a = 30;
$b = 20;
if($a == $b){
    echo "a 等于 b";
}
else if($a > $b){
    echo "a 大于 b";
}
else{
    echo "a 小于 b";
}
```

代码讲解：

```
if($a == $b){
    echo "a 等于 b";
}
else if($a > $b){
    echo "a 大于 b";
}
else{
    echo "a 小于 b";
}
```

如果$a 变量的值等于$b 变量的值，那么在浏览器中输出 "a 等于 b"；如果$a 变量的值大于$b 变量的值，那么在浏览器中输出 "a 大于 b"；否则在浏览器中输出 "a 小于 b"。

3. 逻辑运算符

PHP 中的逻辑运算符主要用于将语句连接成更复杂的语句，如表 1-9 所示。

表 1-9 PHP 中的逻辑运算符

运算符	说明	示例
&&	逻辑与	$a && $b，当$a 变量和$b 变量的值都为 true 时，返回结果为 true
||	逻辑或	$a || $b，当$a 变量和$b 变量中有一个的值为 true 时，返回结果为 true
!	逻辑非	!$a，当$a 变量的值为 true 时，返回结果为 false

示例代码如下：

```php
<?php
header("content-type:text/html;charset=utf-8");

$age = 10;
$sex = "男";

if($age < 20 && $sex=="男"){
    echo "小男孩";
}
else{
    echo "未知";
}
```

代码讲解：

```php
if($age < 20 && $sex=="男"){
    echo "小男孩";
}
else{
    echo "未知";
}
```

如果$age 变量的值小于 20，并且$sex 变量的值等于"男"，那么在浏览器中输出"小男孩"，否则在浏览器中输出"未知"。

4. 连接运算符

PHP 中的连接运算符主要用于将两个或更多个参数连接成一个新的字符串，如表 1-10 所示。

表 1-10 PHP 中的连接运算符

运算符	说明	示例
.	连接运算符	$a.$b，将$a 变量和$b 变量连接成一个新的字符串

示例代码如下：

```php
<?php
header("content-type:text/html;charset=utf-8");

$userName = "小明";
$age = 15;

echo $userName."的年龄为：".$age;
```

代码讲解：

`echo $userName."的年龄为：".$age;`

使用连接运算符"."将$userName 变量、字符串"的年龄为："和$age 变量连接为一个新的字符串"小明的年龄为：15"。

5. 赋值运算符

PHP 中的赋值运算符主要用于对变量进行赋值操作，如表 1-11 所示。

表 1-11　PHP 中的赋值运算符

运算符	说明	示例
=	赋值	$a = 3，将数据 3 赋给$a 变量
+=	加	$a += 3，等价于$a = $a + 3
-=	减	$a -= 3，等价于$a = $a - 3
*=	乘	$a *= 3，等价于$a = $a * 3
/=	除	$a /= 3，等价于$a = $a / 3
%=	求模	$a %= 3，等价于$a = $a % 3
.=	连接	$a .= $b，等价于$a = $a . $b

示例代码如下：

```php
<?php
header("content-type:text/html;charset=utf-8");

$a = 10;
$a += 20;
echo "a 变量的值为：{$a}";
```

代码讲解：

1）变量赋值。

`$a = 10;`

将数据 10 赋给$a 变量。

2）+= 运算符。

`$a += 20;`

使用 "+=" 运算符给$a变量赋值，使$a变量的值在原值基础上加20。

6. 递增/递减运算符

PHP中的递增/递减运算符主要用于控制变量在原值基础上加1或减1，如表1-12所示。

表1-12　PHP中的递增/递减运算符

运算符	说明	示例
++$a	前置递增	$a = 5; echo ++$a; 表示先将$a变量的值加1，再返回结果，输出结果为6
--$a	前置递减	$a = 5; echo --$a; 表示先将$a变量的值减1，再返回结果，输出结果为4
$a++	后置递增	$a = 5; echo $a++; 表示先返回$a变量的值，再将$a变量的值加1，输出结果为5
$a--	后置递减	$a = 5; echo $a--; 表示先返回$a变量的值，再将$a变量的值减1，输出结果为5

示例代码如下：

```php
<?php
header("content-type:text/html;charset=utf-8");

$age = 10;
echo ++$age;
```

代码讲解：

```
echo ++$age;
```

先将$age变量的值加1，再返回结果，输出结果为11。

7. 三元运算符

PHP中的三元运算符主要用于进行简单的逻辑判断。

三元运算符的语法格式如下：

```
表达式1 ? 表达式2 : 表达式3
```

📢 **说明**：如果"表达式1"成立，则执行"表达式2"，否则执行"表达式3"。

示例代码如下：

```php
<?php
header("content-type:text/html;charset=utf-8");
```

```
$age = 15;
$msg = $age>=18?"成年人":"未成年";
echo $msg;
```

代码讲解：

```
$msg = $age>=18?"成年人":"未成年";
```

如果$age 变量的值大于或等于 18，那么$msg 变量的值为"成年人"，否则$msg 变量的值为"未成年"。

8. 错误抑制符

PHP 中的错误抑制符"@"主要用于忽略表达式中的错误信息。

错误抑制符的语法格式如下：

```
@表达式
```

示例代码如下：

```
<?php
header("content-type:text/html;charset=utf-8");

$a = @(5/0);
echo $a;
```

代码讲解：

```
$a = @(5/0);
```

表达式"5/0"会产生一个算术错误，在前面加上错误抑制符"@"，可以忽略该表达式中的错误信息。

9. 运算符的优先级

PHP 中运算符的优先级如表 1-13 所示。

表 1-13　PHP 中运算符的优先级

优先级由高到低	运　算　符
1	++、--、@
2	!
3	*、/、%
4	+、-
5	<、<=、>、>=
6	==、!=、===、!==
7	&&、||
8	??、?:
9	=、+=、-=、*=、/=、%=、.=

【知识链接】isset()函数

isset()函数主要用于检测变量是否已设置，并且不为空（NULL）。

isset()函数的语法格式如下：

```
bool isset($变量 , $变量,...)
```

示例代码如下：

```php
<?php
header("content-type:text/html;charset=utf-8");

$userName = "张小明";
if(isset($userName)){
    echo "姓名为：{$userName}";
}
else{
    echo "userName 变量没有值";
}
```

代码讲解：

```php
if(isset($userName)){
    echo "姓名为：{$userName}";
}
else{
    echo "userName 变量没有值";
}
```

检测$userName 变量是否有值，如果有值，则将$userName 变量的值输出，否则输出"userName 变量没有值"。

【知识链接】empty()函数

empty()函数主要用于检查一个变量是否为空（NULL）。

empty()函数的语法格式如下：

```
bool empty($变量)
```

示例代码如下：

```php
<?php
header("content-type:text/html;charset=utf-8");

$userName = "张小明";
if(empty($userName)){
    echo "userName 变量没有值";
```

```
}
else{
    echo "姓名为：{$userName}";
}
```

代码讲解：

```
if(empty($userName)){
    echo "userName 变量没有值";
}
else{
    echo "姓名为：{$userName}";
}
```

检查$userName 变量是否为空，如果为空，则输出"userName 变量没有值"；否则将$userName 变量的值输出。

下面使用 PHP 中的判断语句，实现会员登录的验证功能。打开步骤 2 中创建的 login.php 文件，编写如下代码。

```
<?php
header("content-type:text/html;charset=utf-8");

//判断表单是否提交了数据
if(isset($_POST["username"])){

    //获取表单提交的数据
    $userName = $_POST["username"];
    $password = $_POST["password"];

    $face = "";
    $msg = "";

    //登录验证
    if($userName == "小明" && $password == "123456"){
        $face = ":)";
        $msg = "会员登录成功！";
    }
    else{
        $face = ":(";
        $msg = "会员登录失败！";
    }

    //提示信息
    echo "<div style='font-size:70px;'>{$face}</div>";
```

```
        echo "<div style='font-size:20px;margin-top:30px;'>";
        echo "  {$msg} <a href='index.php' style='color:red;'>返回</a>";
        echo "</div>";
}
```

代码讲解：

1）判断表单是否提交了数据。

```
if(isset($_POST["username"])){
    ...
}
```

if(isset($_POST["username"]))：主要用于判断表单是否提交了 username 元素的值。

2）获取表单提交的数据。

```
$userName = $_POST["username"];
$password = $_POST["password"];
```

获取会员登录表单提交的用户名、密码，并且将其分别存储于变量$userName、$password 中。

3）定义变量。

```
$face = "";
$msg = "";
```

> 说明：定义变量，用于存储登录验证的表情符号及提示信息。

$face：主要用于存储登录验证的表情符号。

$msg：主要用于存储登录验证的提示信息。

4）登录验证。

```
if($userName == "小明" && $password == "123456"){
    $face = ":)";
    $msg = "会员登录成功！";
}
else{
    $face = ":(";
    $msg = "会员登录失败！";
}
```

通过判断语句验证用户名和密码必须分别为"小明"和"123456"，否则登录验证失败。

5）提示信息。

```
echo "<div style='font-size:70px;'>{$face}</div>";
echo "<div style='font-size:20px;margin-top:30px;'>";
echo "  {$msg} <a href='index.php' style='color:red;'>返回</a>";
echo "</div>";
```

通过输出语句将登录验证的表情符号及提示信息输出到浏览器页面中。

上述代码的运行效果如图 1-7 所示。

index.php   login.php

图 1-7 会员登录验证

【知识链接】日期函数

日期函数主要用于获取当前系统的日期和时间。

PHP 中常用的日期函数如表 1-14 所示。

表 1-14 PHP 中常用的日期函数

函 数 名	说 明
date_default_timezone_set()	设置日期函数的默认时区
date_default_timezone_get()	获取日期函数的默认时区
time()	获取当前 UNIX 时间戳
date()	将 UNIX 时间戳转换为日期和时间
getdate()	获取日期信息

1. 设置时区

在 IT 行业中，通常默认使用世界标准时间 UTC。中国使用的是北京时间，由于北京地处东八区，领先 UTC 时间 8 个小时，因此在使用 PHP 获取日期和时间时，必须要正确设置时区。

设置时区的语法格式如下：

```
date_default_timezone_set(时区);
```

2. 获取 UNIX 时间戳

UNIX 时间戳是从 1970 年 1 月 1 日开始经过的秒数。

获取 UNIX 时间戳的语法格式如下：

```
int time()
```

示例代码如下：

```php
<?php
header("content-type:text/html;charset=utf-8");

date_default_timezone_set("PRC");
$t1 = time();
echo $t1;
```

代码讲解：

1）设置时区。

```
date_default_timezone_set("PRC");
```

设置日期函数的默认时区为东八区。

2）获取 UNIX 时间戳。

```
$t1 = time();
```

获取当前的 UNIX 时间戳。

3. 格式化日期

格式化日期主要用于将 UNIX 时间戳转换为日期和时间。

格式化日期的语法格式如下：

```
string date(日期格式 , UNIX 时间戳)
```

PHP 中常用的日期格式字符如表 1-15 所示。

表 1-15　PHP 中常用的日期格式字符

日期格式字符	说　　明	返　回　值
Y	4 位数表示的年份	如 1999、2020
y	2 位数表示的年份	如 99、20
m	用数字表示月份，有前导零	如 01、12
M	用 3 个字母缩写表示月份	如 Jan、Dec
d	月份中的第几天，有前导零	如 01、31
j	月份中的第几天，没有前导零	如 1、31
w	星期中的第几天	如 0（表示星期日）、6（表示星期六）
H	小时，24 小时格式，有前导零	如 00、23
h	小时，12 小时格式，有前导零	如 01、12
G	小时，24 小时格式，没有前导零	如 0、23
g	小时，12 小时格式，没有前导零	如 1、12
i	分钟，有前导零	如 00、59
s	秒数，有前导零	如 00、59

示例代码如下：

```php
<?php
header("content-type:text/html;charset=utf-8");
date_default_timezone_set("PRC");
$d = date("Y-m-d H:i:s",time());
echo $d;
```

代码讲解：

```
$d = date("Y-m-d H:i:s",time());
```

将 UNIX 时间戳转换为"年-月-日 时:分:秒"格式的日期和时间。

【知识链接】Cookie

Cookie 是一种在客户端存储数据，并且利用这些数据跟踪和识别用户的机制。Cookie 在 Web 服务器端产生，并且以文本文件的形式存储于客户端的硬盘中。

Cookie 的功能主要有以下 3 点。

- 记录用户信息，如上次登录的用户名。
- 在页面之间传递参数。
- 将 HTML 页面存储于 Cookie 中，可以提高页面浏览速度。

1. 创建 Cookie

在 PHP 中，可以使用 setcookie() 函数创建 Cookie，但是如果客户端浏览器禁用了 Cookie，那么 setcookie() 函数会返回 false。

创建 Cookie 的语法格式通常有以下两种。

创建 Cookie 的第 1 种语法格式如下：

```
bool setcookie(名称 , 值)
```

> 注意：Cookie 会在会话结束（浏览器整体关闭）时失效。

创建 Cookie 的第 2 种语法格式如下：

```
bool setcookie(名称 , 值 , 有效期)
```

> 注意：Cookie 会在有效期过后失效。

2. 读取 Cookie 的值

使用 PHP 提供的全局变量 $_COOKIE 可以读取 Cookie 的值。

读取 Cookie 值的语法格式如下：

```
$变量 = $_COOKIE["名称"]
```

示例代码如下：

```php
<?php
header("content-type:text/html;charset=utf-8");
setcookie("userName","张小明",time()+3600);
if(isset($_COOKIE["userName"])){
    $name = $_COOKIE["userName"];
    echo $name;
}
else{
    echo "Cookie 还未创建";
}
```

代码讲解：

1）创建 Cookie。

```
setcookie("userName","张小明",time()+3600);
```

使用 setcookie() 函数创建 Cookie。

userName：Cookie 的名称。

张小明：Cookie 的值。

time()+3600：Cookie 的有效期，此处设置的有效期为 1 小时。

2）获取 Cookie 的值。

```
$name = $_COOKIE["userName"];
```

通过 Cookie 的名称获取 Cookie 的值。

3. 删除 Cookie

没有设置有效期的 Cookie，在浏览器整体关闭时，会自动被删除。设置了有效期的 Cookie，在过了有效期后，也会自动被删除。

如果要提前删除 Cookie，则可以使用 setcookie() 函数将指定 Cookie 的值设置为空字符串。

示例代码如下：

```php
<?php
header("content-type:text/html;charset=utf-8");
setcookie("userName","张小明",time()+3600);
setcookie("userName","");

if(isset($_COOKIE["userName"])){
    $name = $_COOKIE["userName"];
    echo $name;
}
else{
```

```
        echo "Cookie 还未创建";
    }
```

代码讲解：

```
setcookie("userName","");
```

使用 setcookie() 函数将名称为"userName"的 Cookie 的值设置为空字符串。

下面使用 PHP 中的判断语句，实现页面记住用户名和密码的功能。打开步骤 1 中创建的 index.php 文件，编写如下代码。

```php
<?php
    header("content-type:text/html;charset=utf-8");

    //获取 Cookie 中的用户信息
    $userName = "";
    $password = "";
    $isChecked = "";
    if(isset($_COOKIE["userName"])){
        $userName = $_COOKIE["userName"];
        $password = $_COOKIE["password"];
        $isChecked = "checked";
    }
?>
<!DOCTYPE html>
<html>
  <head>
    <title>收菜游戏案例</title>
    <meta charset="utf-8" />
    <link href="css/cai.css" type="text/css" rel="stylesheet" />
    <script type="text/javascript" src="js/jquery-1.8.3.min.js"></script>
    <script type="text/javascript">
        //登录验证
        function login(){
            if($("#username").val() == ""){
                alert("登录名称不能为空！");
                $("#username").focus();
                return false;
            }
            else if($("#password").val() == ""){
                alert("登录密码不能为空！");
                $("#password").focus();
                return false;
```

```
            }
        }
        </script>
    </head>
    <body>

        <!-- 登录表单 -->
        <form name="login_form" method="post" action="login.php" onsubmit="return login()">
          <div class="bg">
            <div class="login">
              <div class="login_items1">
                <div>登录名称：</div>
                <div><input type="text" id="username" name="username" value="<?php echo $userName?>" class="login_txt"/></div>
              </div>
              <div class="login_items2">
                <div>登录密码：</div>
                <div><input type="password" id="password" name="password" value="<?php echo $password?>" class="login_txt" /></div>
              </div>
              <div class="login_items3">
                <input type="checkbox" id="remember" name="remember" <?php echo $isChecked?>/>记住用户名和密码
              </div>
              <div class="login_items3">
                <span>没有账号？</span><a href="#" class="a1">去注册&raquo;</a>
              </div>
              <div class="login_items4">
                <input type="submit" value="登录" class="btn1" />
              </div>
            </div>
          </div>
        </form>
    </body>
</html>
```

代码讲解：

1）获取 Cookie 中的用户信息。

```
if(isset($_COOKIE["userName"])){
    $userName = $_COOKIE["userName"];
```

```
    $password = $_COOKIE["password"];
    $isChecked = "checked";
}
```

if(isset($_COOKIE["userName"])){}：判断 Cookie 中是否有 userName 值。

2）在表单中输出用户信息。

```
...
    <div><input type="text" id="username" name="username" value="<?php echo $userName?>" class="login_txt"/></div>
...
    <div><input type="password" id="password" name="password" value="<?php echo $password?>" class="login_txt" /></div>
...
    <input type="checkbox" id="remember" name="remember" <?php echo $isChecked?>/>
...
```

value="<?php echo $userName?>"：输出用户名。

value="<?php echo $password?>"：输出密码。

<?php echo $isChecked?>：记住用户名和密码。

上述代码的运行效果如图 1-8 所示。

图 1-8　记住用户名和密码

拓展练习

运用所学知识，完成以下拓展练习。

拓展 1：处理 HTML 标签

处理 HTML 标签的效果如图 1-9 所示。

图 1-9 处理 HTML 标签的效果

要求：

1. 创建 PHP 文件，文件名为 index.php。

2. 在 index.php 文件中编写 HTML 代码，制作 HTML 基本页面。

3. 在 index.php 文件的<body>标签中嵌入 PHP 代码。

4. 编写 PHP 代码。

1）定义字符串变量$html，变量值为<div>标签。

2）通过 style 属性设置<div>标签的相关样式。

- background：red。
- width：200px。
- height：200px。
- border-radius：50px。
- text-align：center。
- line-height：200px。
- color：white。

3）输出$html 变量的值。

在线做题：

打开浏览器并输入指定地址，在线完成本道练习题。

实训链接：http://www.hxedu.com.cn/Resource/OS/AR/zz/zxy/202103636/6.html

实训码：9746c084

拓展 2：后台管理登录

后台管理登录的效果如图 1-10 所示。

图 1-10　后台管理登录的效果

要求：

1. 创建 index.php 文件。

1）在 index.php 文件中编写 HTML 代码，制作后台管理登录页面。

2）设置登录表单以 POST 请求方式提交数据。

3）设置登录表单的提交地址为 login.php 文件。

2. 创建 login.php 文件。

1）获取登录表单提交的数据。

2）使用输出语句在页面中输出相应的信息。

在线做题：

打开浏览器并输入指定地址，在线完成本道练习题。

实训链接：http://www.hxedu.com.cn/Resource/OS/AR/zz/zxy/202103636/7.html

实训码：56f4c7cd

拓展 3：问卷调查

问卷调查的效果如图 1-11 所示。

图 1-11　问卷调查的效果

要求：

1. 创建 index.php 文件，编写 HTML 代码，制作问卷调查页面。

1）设置页面表单以 POST 请求方式提交数据。

2）设置页面表单的提交地址为 check.php 文件。

2. 创建 check.php 文件，用于对表单提交的数据进行处理。

1）获取表单提交的数据。

2）判断表单提交的数据是否为空，如果某个表单提交的数据为空，则提示相应的信息；如果表单提交的数据完整，则显示问卷调查结果。

在线做题：

打开浏览器并输入指定地址，在线完成本道练习题。

实训链接：http://www.hxedu.com.cn/Resource/OS/AR/zz/zxy/202103636/8.html

实训码：9d6c4dab

测验评价

评价标准：

采 分 点	教师评分 （0~5 分）	自评 （0~5 分）	互评 （0~5 分）
1. PHP 简介			
2. PHP 标记符			
3. 变量			
4. 数据类型			
5. 常量			
6. 输出语句			
7. header() 函数			
8. 字符串拼接			
9. PHP 表单处理			
10. URL 传参			
11. if 语句			
12. switch 语句			
13. 运算符			
14. isset() 函数			
15. empty() 函数			
16. 日期函数			
17. Cookie			

模块 2

会员注册

情景导入

　　会员注册是网站开发中常见的案例功能模块。用户在会员注册表单中填写用户名和密码并提交表单，然后通过 PHP 的表单数据处理功能，获取表单提交的数据，并且对表单提交的用户名、密码进行验证，实现会员注册功能，如图 2-1 所示。

图 2-1　会员注册

任务分析

会员注册功能通常由 3 个文件共同实现。register.php 文件主要用于创建会员注册表单页面，用户可以在该页面中填写用户名和密码并提交表单，registerUser.php 文件可以通过 PHP 的表单数据处理功能获取会员注册表单提交的数据，并且对提交的用户名、密码进行验证，然后将用户名、密码存储于 user.txt 文件中，从而实现会员注册功能，如图 2-2 所示。

register.php 文件实现的效果　　　　　　registerUser.php 文件实现的效果

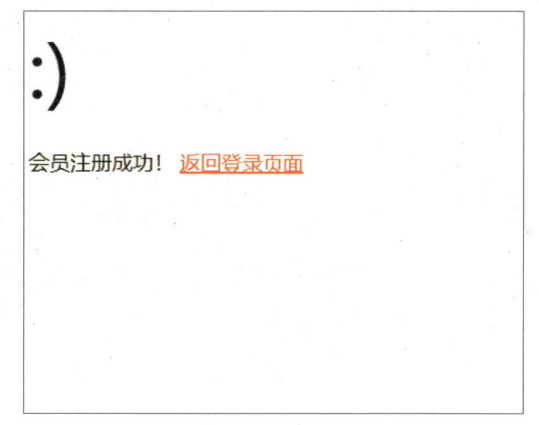

图 2-2　会员注册功能

会员注册功能在整体的实现上可以分为以下两个步骤。
（1）信息持久化。
（2）注册信息持久化。

任务实施

使用 HTML、CSS 制作一个会员注册表单，用户可以在该表单中填写用户名、密码、确认密码并提交表单。

会员注册表单页面对应的文件可以是一个 HTML 文件，也可以是一个 PHP 文件，二者之间的差别主要在于，在 HTML 文件中只可以编写 HTML、CSS、JavaScript 等代码，而在 PHP 文件中可以在上述代码中嵌入 PHP 代码。下面创建一个 register.php 文件，用于制作会员注册表单页面。register.php 文件中的代码如下：

```html
<!DOCTYPE html>
<html>
  <head>
    <title>会员注册</title>
    <meta charset="utf-8" />
    <link href="css/cai.css" type="text/css" rel="stylesheet" />
    <script type="text/javascript" src="js/jquery-1.8.3.min.js"></script>
  </head>
  <script type="text/javascript">
    //表单验证
    function validate_form(){
        if($("#username").val() == ""){
            alert("请输入注册名称！");
            $("#username").focus();
            return false;
        }
        else if($("#password").val() == "") {
            alert("请输入注册密码！");
            $("#password").focus();
            return false;
        }
        else if($("#password").val() != $("#passwordre").val()) {
            alert("两次输入的密码不一致！");
            $("#passwordre").focus();
            return false;
        }
    }
  </script>
  <body>
    <!-- 注册表单 -->
    <form name="reg_form" method="post" action="registerUser.php" onsubmit="return validate_form()">
      <div class="bg">
        <div class="login">
          <div class="login_items1">
            <div>注册名称：</div>
            <div><input type="text" id="username" name="username" class="login_txt"/></div>
          </div>
          <div class="login_items2">
            <div>注册密码：</div>
            <div><input type="password" id="password" name="password" class=
```

```
"login_txt" /></div>
        </div>
        <div class="login_items2">
          <div>确认密码：</div>
          <div><input type="password" id="passwordre" name="passwordre" class="login_txt" /></div>
        </div>
        <div class="login_items5">
          <div><input type="submit" value="注册" class="btn1" /></div>
          <div><a href="index.php" class="a1">返回</a></div>
        </div>
      </div>
    </div>
  </form>
 </body>
</html>
```

代码讲解：

1）创建会员注册表单。

```
<form name="reg_form" method="post" action="registerUser.php" onsubmit="return validate_form()">
    ...
</form>
```

创建会员注册表单，并且设置表单的相关参数。

method="post"：设置表单以 POST 请求方式提交数据。

action=" registerUser.php"：设置表单的提交地址为 registerUser.php 文件。

2）获取表单提交的数据并验证。

```
function validate_form(){
    if($("#username").val() == ""){
        alert("请输入注册名称！");
        $("#username").focus();
        return false;
    }
    else if($("#password").val() == "") {
        alert("请输入注册密码！");
        $("#password").focus();
        return false;
    }
    else if($("#password").val() != $("#passwordre").val()) {
        alert("两次输入的密码不一致！");
        $("#passwordre").focus();
```

```
        return false;
    }
}
```

if($("#username").val() == ""):验证注册名称。

alert("请输入注册名称！"):提示"请输入注册名称!"。

$("#username").focus():"注册名称"文本框获取焦点。

else if($("#password").val() == ""):验证注册密码。

alert("请输入注册密码！"):提示"请输入注册密码!"。

$("#password").focus():"注册密码"文本框获取焦点。

else if($("#password").val() != $("#passwordre").val()):验证确认密码。

alert("两次输入的密码不一致！"):提示"两次输入的密码不一致!"。

$("#passwordre").focus():"确认密码"文本框获取焦点。

上述代码的运行效果如图 2-3 所示。

图 2-3　会员注册表单页面

步骤 1：信息持久化

存储于内存中的数据是处于瞬时状态的，存储于文件中的数据是处于持久状态的。信息持久化是指将内存中的瞬时数据存储于文件中，保证即使在计算机关机的情况下，数据也不会丢失。

在会员登录时，通过表单获取用户的登录信息，然后与持久化文件中存储的用户信息进行比较，如果用户的登录信息和持久化文件中的用户信息一致，则输出"登录成功"，否则输出"登录失败"。

【知识链接】读/写文本文件

PHP 提供了一系列系统函数，用于读/写文本文件中的内容。

PHP 中读/写文本文件常用的函数如表 2-1 所示。

表 2-1　PHP 中读/写文本文件常用的函数

函 数 名	说　　明
fopen()	打开文件
fclose()	关闭文件
fgets()	读取一行字符
fgetss()	读取一行字符，并且过滤掉 HTML 和 PHP 标记
fgetc()	读取一个字符
fputs()	写入文件内容
fwrite()	写入文件内容
file_get_contents()	将整个文件读入一个字符串
file_put_contents()	将一个字符串写入文件

在使用 PHP 中的 fopen() 函数打开文件时，必须指定打开文件的访问权限。

PHP 中打开文件的访问权限如表 2-2 所示。

表 2-2　PHP 中打开文件的访问权限

访 问 权 限	说　　明
r	以只读方式打开文件
r+	以读/写方式打开文件
w	以写入方式打开文件。如果该文件不存在，则创建文件；如果该文件存在，则替换现有文件
w+	以读/写方式打开文件。如果该文件不存在，则创建文件；如果该文件存在，则替换现有文件
a	以写入方式打开文件，并且向文件末尾追加内容。如果该文件不存在，则创建文件
a+	以读/写方式打开文件，并且向文件末尾追加内容。如果该文件不存在，则创建文件
x	创建并以写入方式打开文件
x+	创建并以读/写方式打开文件

1. 写入文件

将内容写入文件的步骤如下：

（1）打开文件。

(2)向文件中写入内容。

(3)关闭文件。

示例代码如下：

```
<?php
header("content-type:text/html;charset=utf-8");

$handle = fopen("doc.txt","w");
fputs($handle, "你好中国");
fclose($handle);
```

代码讲解：

1）打开文件。

```
$handle = fopen("doc.txt","w");
```

以写入方式打开当前目录下的 doc.txt 文件。

doc.txt：要打开的文件。

w：打开文件的访问权限。

$handle：使用 fopen()函数打开的文件。

2）向文件中写入内容。

```
fputs($handle, "你好中国");
```

向$handle 指向的文件中写入内容。

$handle：要写入的文件。

"你好中国"：向文件中写入的内容。

3）关闭文件。

```
fclose($handle);
```

关闭$handle 指向的文件。

2. 读取文件

读取文件中内容的步骤如下。

(1)打开文件。

(2)读取文件中的内容。

(3)关闭文件。

示例代码如下：

```
<?php
header("content-type:text/html;charset=utf-8");

$handle = fopen("doc.txt","r");
```

```
$str = fgets($handle);
fclose($handle);
echo $str;
```

代码讲解：

1）打开文件。

```
$handle = fopen("doc.txt","r");
```

以只读方式打开当前目录下的 doc.txt 文件。

doc.txt：要打开的文件。

r：打开文件的访问权限。

$handle：使用 fopen()函数打开的文件。

2）读取文件中的内容。

```
$str = fgets($handle);
```

从$handle 指向的文件中读取一行字符。

3）关闭文件。

```
fclose($handle);
```

关闭$handle 指向的文件。

【知识链接】索引数组

数组是一组数据的集合，这组数据按照一定的规则组织起来，形成一个可操作的整体。根据不同的数组下标，PHP 数组可以分为两类，分别为索引数组和关联数组。索引数组的下标是由整数组成的，默认从 0 开始，向后每次加 1。

1. 定义索引数组

定义索引数组的语法格式有以下两种。

1）定义一个空数组。

```
$数组名 = array();
```

2）定义数组并赋值。

```
$数组名 = array( 值 , 值 , 值,... );
```

示例代码如下：

```
<?php
header("content-type:text/html;charset=utf-8");

$arr = array("北京",100,"上海","天津");
print_r($arr);
```

代码讲解：

```
$arr = array("北京",100,"上海","天津");
```

定义一个索引数组，并且将"北京"、100、"上海"和"天津"这4个值存储于该数组中。

$arr：数组的名称。

2. 索引数组取值

在 PHP 中，通过数组名称及数组下标可实现对数组中所有值的操作。

索引数组取值的语法格式如下：

```
$数组名称[下标];
```

示例代码如下：

```
<?php
header("content-type:text/html;charset=utf-8");

$arr = array("北京",100,"上海","天津");
echo "数组中第1个值：{$arr[0]}<br/>";
echo "数组中第3个值：{$arr[2]}<br/>";
```

代码讲解：

```
echo "数组中第1个值：{$arr[0]}<br/>";
echo "数组中第3个值：{$arr[2]}<br/>";
```

获取$arr数组中的值并输出。

$arr：数组的名称。

$arr[0]：表示$arr数组中的第1个值，索引数组中第1个值的下标为 0。

$arr[2]：表示$arr数组中的第3个值，索引数组中第3个值的下标为 2。

3. 索引数组存值

索引数组存值的语法格式有以下两种。

1）将值存储于数组指定下标位置。

```
$数组名[下标] = 值;
```

2）向数组末尾追加值。

```
$数组名[] = 值
```

示例代码如下：

```
<?php
header("content-type:text/html;charset=utf-8");

$arr = array("北京",100,"上海","天津");
$arr[5] = "西安";
$arr[1] = "深圳";
```

```
$arr[] = "南京";
print_r($arr);
```

代码讲解：

1）将值存储于数组中的指定下标位置。

```
$arr[5] = "西安";
```

将"西安"存储于$arr数组中的第6个位置（下标为5）。

2）修改数组中的原有值。

```
$arr[1] = "深圳";
```

将"深圳"存储于$arr数组中的第2个位置（下标为1）。

> 💡 注意：因为$arr数组中的第2个位置原本就有值，所以此条代码相当于将第2个位置的原有值修改为"深圳"。

3）向数组末尾追加值。

```
$arr[] = "南京";
```

将"南京"添加到$arr数组的末尾。

4. 数组长度

数组长度是指数组中存储的值的个数。在PHP中，使用count()函数可以获取数组长度。获取数组长度的语法格式如下：

```
count($数组名称);
```

示例代码如下：

```
<?php
header("content-type:text/html;charset=utf-8");

$arr = array("北京",100,"上海","天津");
$len = count($arr);
echo "数组长度为：{$len}";
```

代码讲解：

```
$len = count($arr);
```

使用count()函数获取$arr数组的长度，即$arr数组中值的个数。

【知识链接】关联数组

关联数组的下标是由字符串组成的，这些下标字符串中可以包含数字。

在一个数组中，只要有一个值的下标不是数字，这个数组就是关联数组。

1. 定义关联数组

定义关联数组的语法格式有以下两种。

1）定义一个空数组。

```
$数组名 = array();
```

2）定义数组并赋值。

```
$数组名 = array( 下标=>值 , 下标=>值 , 下标=>值,... );
```

示例代码如下：

```php
<?php
header("content-type:text/html;charset=utf-8");

$arr = array("userName"=>"张小明","sex"=>"男","age"=>10);
print_r($arr);
```

代码讲解：

```
$arr = array("userName"=>"张小明","sex"=>"男","age"=>10);
```

定义一个关联数组，并且向该关联数组中存储3个值。

2. 关联数组的相关操作

在 PHP 中，关联数组的相关操作与索引数组的相关操作类似，只是数组的下标有所区别。

示例代码如下：

```php
<?php
header("content-type:text/html;charset=utf-8");

$arr = array("userName"=>"张小明","sex"=>"男","age"=>10);
$arr["address"] = "北京";
$arr["age"] = 17;
$len = count($arr);

echo "姓名：{$arr["userName"]}<br/><br/>";
echo "数组长度为：{$len}<br/><br/>";
print_r($arr);
```

代码讲解：

1）向数组中添加一个新值。

```
$arr["address"] = "北京";
```

将"北京"存储于$arr数组中，对应的数组下标为"address"。

2）修改数组中的原有值。

```
$arr["age"] = 17;
```

将$arr数组中"age"下标对应的值修改为17。

3）获取数组长度。

```
$len = count($arr);
```

使用count()函数获取$arr数组的长度。

4)数组取值。

```
echo "姓名：{$arr["userName"]}<br/><br/>";
```

获取$arr数组中"userName"下标对应的值并输出。

【知识链接】多维数组

在PHP中，一个数组中的值可以是另一个数组，另一个数组中的值也可以是其他数组，也就是说，数组可以嵌套。

- 一维数组：没有发生嵌套的普通数组。
- 二维数组：两层数组的嵌套。
- 三维数组：三层数组的嵌套。
- 多维数组：多层数组的嵌套。

示例代码如下：

```php
<?php
header("content-type:text/html;charset=utf-8");
$arr = array(
    array("id"=>1,"userName"=>"张三","sex"=>"男","age"=>15),
    array("id"=>2,"userName"=>"李四","sex"=>"女","age"=>14),
    array("id"=>3,"userName"=>"王五","sex"=>"女","age"=>16),
    array("id"=>4,"userName"=>"赵六","sex"=>"男","age"=>15),
    array("id"=>5,"userName"=>"田七","sex"=>"女","age"=>16)
);
echo "第5名学生的姓名为：{$arr[4]["userName"]}<br/><br/>";
echo "<pre>";
print_r($arr);
echo "</pre>";
```

代码讲解：

1)定义二维数组。

```php
$arr = array(
    array("id"=>1,"userName"=>"张三","sex"=>"男","age"=>15),
    array("id"=>2,"userName"=>"李四","sex"=>"女","age"=>14),
    array("id"=>3,"userName"=>"王五","sex"=>"女","age"=>16),
    array("id"=>4,"userName"=>"赵六","sex"=>"男","age"=>15),
    array("id"=>5,"userName"=>"田七","sex"=>"女","age"=>16)
);
```

因为$arr 数组中的每个值都是一个数组，也就是两层数组的嵌套，所以$arr 数组是一个二维数组。

2）二维数组取值。

```
echo "第5名学生的姓名为：{$arr[4]["userName"]}<br/><br/>";
```

获取$arr 数组中的值并输出。

$arr[4]：表示$arr 数组中的第5个值，也就是4号下标对应的关联数组。

$arr[4]["userName"]：表示$arr 数组中4号下标对应的关联数组中的"userName"下标对应的值。

【知识链接】字符串函数

PHP 提供了一系列系统函数，用于对字符串进行相关操作。

PHP 中常用的字符串函数如表2-3 所示。

表2-3　PHP 中常用的字符串函数

函　数　名	说　　明
chr()	从指定 ASCII 值返回字符
explode()	分割字符串
ltrim()	移除字符串左侧的空白字符或其他字符
md5()	使用 MD5 算法对字符串进行加密
nl2br()	将字符串中的 "\n" 转换为 " "
ord()	返回字符串中第1 个字符的 ASCII 值
rtrim()	移除字符串右侧的空白字符或其他字符
strlen()	返回字符串长度
str_replace()	替换字符串中的一些字符（大小写敏感）
strpos()	返回字符串在另一个字符串中第1 次出现的位置（大小写敏感）
strrpos()	返回字符串在另一个字符串中最后一次出现的位置（大小写敏感）
strtolower()	将字符串中的大写字母转换为小写字母
strtoupper()	将字符串中的小写字母转换为大写字母
substr()	截取字符串
trim()	移除字符串两侧的空白字符或其他字符

注：字符串位置是从0 开始的，不是从1 开始的。

示例代码如下：

```php
<?php
header("content-type:text/html;charset=utf-8");

$a = trim("==中国==","=");
```

```php
echo "移除字符串两侧的其他字符：{$a}<br/><br/>";

$a = explode("-","北京-上海-深圳");
echo "分割字符串：";
print_r($a);
echo "<br/><br/>";

$a = strlen("你好中国");
echo "字符串长度：{$a}<br/><br/>";

$a = md5("张三");
echo "MD5 加密：{$a}<br/><br/>";

$a = str_replace("Hello", "你好", "Hello，北京");
echo "字符串替换：{$a}<br/><br/>";

$a = strtolower("HelloWorld");
echo "转为小写字母：{$a}<br/><br/>";

$a = strtoupper("HelloWorld");
echo "转为大写字母：{$a}<br/><br/>";

$a = substr("HelloWorld",5,5);
echo "字符串截取：{$a}<br/><br/>";
```

代码讲解：

1）移除字符串两侧的空白字符或其他字符。

```php
$a = trim("==中国==","=");
```

移除字符串"==中国=="两侧的"="字符。

2）分割字符串。

```php
$a = explode("-","北京-上海-深圳");
```

对字符串"北京-上海-深圳"按字符串"-"进行分割，并且返回由分割后的字符串组成的数组。

3）获取字符串长度。

```php
$a = strlen("你好中国");
```

获取字符串"你好中国"的长度。

4）MD5 加密。

```php
$a = md5("张三");
```

使用 MD5 算法对字符串"张三"进行加密。

5）替换字符串。

```
$a = str_replace("Hello", "你好", "Hello,北京");
```

将字符串"Hello,北京"中的字符串"Hello"替换为字符串"你好"。

6）将字符串中的大写字母转换为小写字母。

```
$a = strtolower("HelloWorld");
```

将字符串"HelloWorld"中的大写字母转换为小写字母。

7）将字符串中的小写字母转换为大写字母。

```
$a = strtoupper("HelloWorld");
```

将字符串"HelloWorld"中的小写字母转换为大写字母。

8）截取字符串。

```
$a = substr("HelloWorld",5,5);
```

从字符串"HelloWorld"中的5号下标开始，向右截取5个字符。

创建会员登录表单页面文件 index.php，index.php 文件中的代码如下：

```html
<!DOCTYPE html>
<html>
  <head>
    <title>收菜游戏案例</title>
    <meta charset="utf-8" />
    <link href="css/cai.css" type="text/css" rel="stylesheet" />
    <script type="text/javascript" src="js/jquery-1.8.3.min.js"></script>
    <script type="text/javascript">
        //登录验证
        function login(){
            if($("#username").val() == ""){
                alert("登录名称不能为空！");
                $("#username").focus();
                return false;
            }
            else if($("#password").val() == ""){
                alert("登录密码不能为空！");
                $("#password").focus();
                return false;
            }
        }
    </script>
  </head>
  <body>
    <!-- 登录表单 -->
    <form name="login_form" method="post" action="login.php" onsubmit="return login()">
```

```html
        <div class="bg">
          <div class="login">
            <div class="login_items1">
              <div>登录名称：</div>
              <div><input type="text" id="username" name="username" class="login_txt"/></div>
            </div>
            <div class="login_items2">
              <div>登录密码：</div>
              <div><input type="password" id="password" name="password" class="login_txt" /></div>
            </div>
            <div class="login_items3">
              <input type="checkbox" id="remember" name="remember" />记住用户名和密码
            </div>
            <div class="login_items3">
              <span>没有账号？</span><a href="#" class="a1">去注册&raquo;</a>
            </div>
            <div class="login_items4">
              <input type="submit" value="登录" class="btn1" />
            </div>
          </div>
        </div>
      </form>
    </body>
</html>
```

创建会员登录数据处理页面文件 login.php，login.php 文件中的代码如下：

```php
<?php
header("content-type:text/html;charset=utf-8");

//判断表单是否提交了数据
if(isset($_POST["username"])){

    //获取表单提交的数据
    $userName = $_POST["username"];
    $password = $_POST["password"];

    //读取 user.txt 文件，获取用户信息
    $handle = fopen("user.txt","r");
    $content = fgets($handle);
    fclose($handle);
    //分割字符串
```

```php
$user = explode("-",$content);
$trueUserName = $user[0];//真实用户名
$truePassword = $user[1];//真实密码

$face = "";
$msg = "";

//登录验证
if($userName == $trueUserName && $password == $truePassword){
    $face = ":)";
    $msg = "会员登录成功!";
}
else{
    $face = ":(";
    $msg = "会员登录失败!";
}

//提示信息
echo "<div style='font-size:70px;'>{$face}</div>";
echo "<div style='font-size:20px;margin-top:30px;'>";
echo " {$msg} <a href='index.php' style='color:red;'>返回</a>";
echo "</div>";
}
```

代码讲解:

1)判断表单是否提交了数据。

```php
if(isset($_POST["username"])){
    ...
}
```

2)获取表单提交的数据。

```php
$userName = $_POST["username"];
$password = $_POST["password"];
```

3)读取 user.txt 文件,获取用户信息。

```php
$handle = fopen("user.txt","r");
$content = fgets($handle);
fclose($handle);
$user = explode("-",$content);
$trueUserName = $user[0];
$truePassword = $user[1];
```

$handle = fopen("user.txt","r"):读取 user.txt 文件中的数据。

$content = fgets($handle):读取一行字符。

fclose($handle)：关闭 user.txt 文件。

$user = explode("-",$content)：分割字符串。

$trueUserName = $user[0]：真实用户名。

$truePassword = $user[1]：真实密码。

4）登录验证。

```
if($userName == $trueUserName && $password == $truePassword){
    $face = ":)";
    $msg = "会员登录成功！";
}
else{
    $face = ":(";
    $msg = "会员登录失败！";
}
```

if($userName == $trueUserName && $password == $truePassword)：判断用户的登录信息和持久化文件中的用户信息是否一致。

5）提示信息。

```
echo "<div style='font-size:70px;'>{$face}</div>";
echo "<div style='font-size:20px;margin-top:30px;'>";
echo "  {$msg} <a href='index.php' style='color:red;'>返回</a>";
echo "</div>";
```

创建持久化文件 user.txt，该文件中的文本如下：

张三丰-123456

上述代码的运行效果如图 2-4 所示。

index.php　　　　　　　　　　　　　　　　login.php

图 2-4　信息持久化（会员登录）

步骤 2：注册信息持久化

通过 PHP 的表单数据处理功能，获取会员注册表单页面（register.php 文件对应的页面）提交的注册名称、注册密码、确认密码。在 register.php 文件的同级目录下创建 registerUser.php 文件，用于对会员注册表单页面提交的注册信息进行处理。

【知识链接】序列化

在 PHP 中，使用序列化函数 serialize() 可以将对象或数组转换为字符串。

序列化函数 serialize() 的语法格式如下：

```
string serialize(对象或数组)
```

示例代码如下：

```php
<?php
header("content-type:text/html;charset=utf-8");

$arr = array("userName"=>"张三","sex"=>"男","age"=>15);
$str = serialize($arr);
echo $str;
```

代码讲解：

```php
$str = serialize($arr);
```

使用 serialize() 函数将 $arr 数组转换为一个字符串。

创建 registerUser.php 文件，该文件中的代码如下：

```php
<?php
header("content-type:text/html;charset=utf-8");
/**
    用户注册处理
 */

//将$_POST中的用户信息序列化
$userInfo = serialize($_POST);

//向user.txt文件中写入用户信息
$handle = fopen("user.txt", "w");
fputs($handle,$userInfo);
fclose($handle);

echo "<div style='font-size:70px;'>:)</div>";
echo "<div style='font-size:20px;margin-top:30px;'>";
echo " 会员注册成功！<a href='index.php' style='color:red;'>返回登录页面</a>";
```

```
echo "</div>";
```

代码讲解：

1）将用户信息序列化。

```
$userInfo = serialize($_POST);
```

将$_POST 中的用户信息序列化。

2）写入用户信息。

```
$handle = fopen("user.txt", "w");
```

以写入方式打开 user.txt 文件。

```
fputs($handle,$userInfo);
```

向 user.txt 文件中写入用户信息。

```
fclose($handle);
```

关闭 user.txt 文件。

上述代码的运行效果如图 2-5 所示。

register.php   registerUser.php

图 2-5　注册信息持久化

持久化文件 user.txt 中的信息格式如下。

```
a:3:{s:8:"username";s:5:"stu01";s:8:"password";s:6:"123456";s:10:"passwordre";s:6:"123456";}
```

【知识链接】反序列化

在 PHP 中，使用反序列化函数 unserialize()可以对序列化的字符串进行反序列化操作，并且返回原始的对象结构。

反序列化函数 unserialize()的语法格式如下：

```
mixed unserialize(序列化的字符串)
```

示例代码如下：

```php
<?php
header("content-type:text/html;charset=utf-8");
$arr = array("userName"=>"张三","sex"=>"男","age"=>15);
$str = serialize($arr);
$newArr = unserialize($str);
print_r($newArr);
```

代码讲解：

```php
$newArr = unserialize($str);
```

使用 unserialize() 函数将序列化的字符串 $str 反序列化为原来的数组。

修改步骤 1 中 login.php 文件中的代码，具体如下：

```php
<?php
header("content-type:text/html;charset=utf-8");

//判断表单是否提交了数据
if(isset($_POST["username"])){
    //获取表单提交的数据
    $userName = $_POST["username"];
    $password = $_POST["password"];

    //读取 user.txt 文件中的数据，获取用户信息
    $handle = fopen("user.txt","r");
    $content = fgets($handle);
    fclose($handle);

    //反序列化，获取真实的用户名和密码
    $userInfo = unserialize($content);
    $trueUserName = $userInfo["username"];//真实的用户名
    $truePassword = $userInfo["password"];//真实的密码

    $face = "";
    $msg = "";

    //登录验证
    if($userName == $trueUserName && $password == $truePassword){
        $face = ":)";
        $msg = "会员登录成功！";
    }
    else{
        $face = ":(";
        $msg = "会员登录失败！";
    }
```

```php
    //提示信息
    echo "<div style='font-size:70px;'>{$face}</div>";
    echo "<div style='font-size:20px;margin-top:30px;'>";
    echo "  {$msg} <a href='index.php' style='color:red;'>返回</a>";
    echo "</div>";
}
```

代码讲解：

`$userInfo = unserialize($content);`

将$content变量中存储的序列化字符串反序列化为原来的数组。

`$trueUserName = $userInfo["username"];`

获取真实的用户名。

`$truePassword = $userInfo["password"];`

获取真实的密码。

拓展练习

运用所学知识，完成以下拓展练习。

拓展1：读取文本文件

读取文本文件的效果如图2-6所示。

要求：

1. 创建 index.php 文件，实现图2-6展示的效果。

2. 编写 PHP 代码，读取文本文件中的内容，并且显示相应的信息。

1）读取当前目录下 user.txt 文件中的内容。

2）user.txt 文件中的内容为"小明-男-16-山东省-摩羯座"。

3）对读取的内容进行字符串分割，分割字符串为"-"。

4）将分割后的内容输出到浏览器页面中。

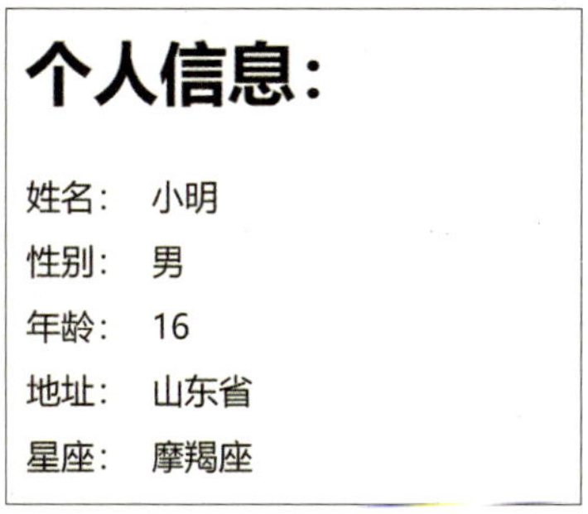

在线做题：

打开浏览器并输入指定地址，在线完成本道练习题。

图 2-6 读取文本文件的效果

实训链接：http://www.hxedu.com.cn/Resource/OS/AR/zz/zxy/202103636/9.html

实训码：a7b72591

拓展2：多维数组

多维数组的效果如图2-7所示。

编号	姓名	性别	年龄	地址	星座
1	小杰	男	17	北京市	白羊座
2	小棋	女	27	上海市	狮子座
3	小东	女	16	北京市	处女座

图 2-7 多维数组的效果

要求：

1. 创建 index.php 文件，实现图 2-7 展示的效果。

2. 编写 PHP 代码，通过多维数组显示用户信息。

1）定义一个二维数组，用于存储用户信息，用户信息参考图 2-7 展示的效果。

2）将二维数组中的用户信息逐条输出到浏览器页面的表格中。

在线做题：

打开浏览器并输入指定地址，在线完成本道练习题。

实训链接：http://www.hxedu.com.cn/Resource/OS/AR/zz/zxy/202103636/10.html

实训码：addca97c

拓展 3：个人信息

个人信息的效果如图 2-8 所示。

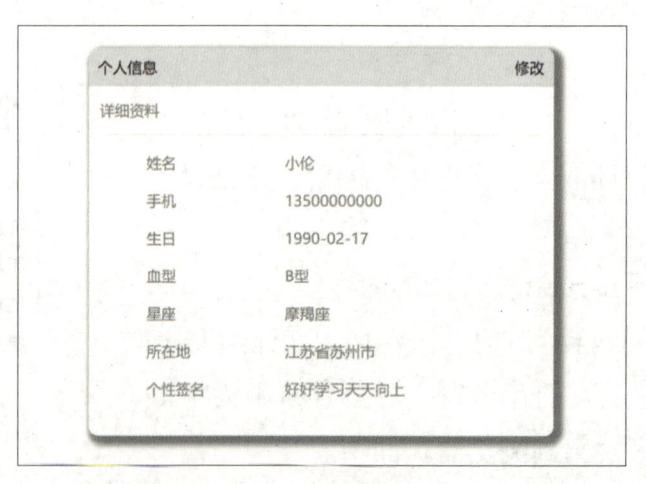

个人信息		修改
详细资料		
姓名	小伦	
手机	13500000000	
生日	1990-02-17	
血型	B型	
星座	摩羯座	
所在地	江苏省苏州市	
个性签名	好好学习天天向上	

图 2-8 个人信息的效果

要求：

1. 创建 index.php 文件。

1）制作个人信息表单页面。

2）利用 PHP 读取当前目录下 user.txt 文件中的内容。

3）对从 user.txt 文件中读取的内容进行反序列化操作。

4）将反序列化得到的一维关联数组输出到浏览器页面中。

2. 创建 update.php 文件。

1）制作修改个人信息表单页面。

2）设置表单以 POST 请求方式提交数据。

3）设置表单的提交地址为 save.php 文件。

4）利用 PHP 读取当前目录下 user.txt 文件中的内容。

5）对从 user.txt 文件中读取的内容进行反序列化操作。

6）将反序列化得到的一维关联数组输出到浏览器页面表单中。

3. 创建 save.php 文件。

1）获取表单提交的数据。

2）对表单提交的数据进行序列化操作。

3）利用 PHP 将序列化的字符串写入当前目录下的 user.txt 文件。

在线做题：

打开浏览器并输入指定地址，在线完成本道练习题。

实训链接：http://www.hxedu.com.cn/Resource/OS/AR/zz/zxy/202103636/11.html

实训码：fc1c67ea

拓展 4：会员登录、注册

会员登录、注册的效果如图 2-9 所示。

会员登录的效果 　　　　　　会员注册的效果

图 2-9　会员登录、注册的效果

要求：

1. 创建 login 文件。

1）制作会员登录表单页面。

2）设置会员登录表单以 POST 请求方式提交数据。

3）设置会员登录表单的提交地址为 loginUser.php 文件。

2. 创建 loginUser.php 文件。

1）获取会员登录表单提交的用户名、密码。

2）利用 PHP 读取当前目录下 user.txt 文件中的内容。

3）对从 user.txt 文件中读取的内容进行反序列化操作，得到一个一维关联数组。

4）将会员登录表单提交的用户名、密码与一维关联数组中的用户名、密码进行对比，从而进行登录验证。

3. 创建 register.php 文件。

1）制作会员注册表单页面。

2）设置会员注册表单以 POST 请求方式提交数据。

3）设置会员注册表单的提交地址为 registerUser.php 文件。

4. 创建 registerUser.php 文件。

1）获取会员注册表单提交的数据。

2）对会员注册表单提交的数据进行序列化操作。

3）利用 PHP 将序列化的字符串写入当前目录下的 user.txt 文件。

在线做题：

打开浏览器并输入指定地址，在线完成本道练习题。

实训连接：http://www.hxedu.com.cn/Resource/OS/AR/zz/zxy/202103636/12.html

实训码：7ce9c955

测验评价

评价标准：

采 分 点	教师评分 （0～5分）	自评 （0～5分）	互评 （0～5分）
1. 读/写文本文件			
2. 索引数组			
3. 关联数组			
4. 多维数组			
5. 字符串函数			
6. 序列号			
7. 反序列化			

模块 3

信息持久化

情景导入

使用数据库实现会员的注册和登录功能是网站开发中非常常见的案例功能模块。用户在会员注册表单中填写用户名、密码和确认密码并提交表单，然后通过PHP的表单数据处理功能，获取会员注册表单提交的注册信息，并且对提交的用户名、密码和确认密码进行验证，实现会员注册功能；然后跳转至登录页面，在会员登录表单中填写用户名和密码并提交表单，然后通过PHP的表单数据处理功能，获取会员登录表单提交的登录信息，并且对提交的用户名、密码进行验证，实现会员登录功能。会员注册页面如图3-1所示。

图3-1 会员注册页面

任务分析

会员注册和登录功能如图 3-2 所示。使用数据库实现会员注册和登录功能，通常需要 4 个文件。register.php 文件主要用于制作会员注册表单页面，用户可以在该页面中填写用户名、密码和确认密码并提交表单。registerUser.php 文件可以通过 PHP 的表单数据处理功能，获取会员注册表单提交的信息，并且对提交的用户名、密码和确认密码进行验证，然后将用户的注册信息存储于数据库中，实现会员注册功能。index.php 文件主要用于制作会员登录表单页面，用户可以在该页面中填写用户名和密码并提交表单。login.php 文件可以通过 PHP 的表单数据处理功能，获取会员登录表单的提交信息，并且对提交的用户名、密码进行验证，实现会员登录功能。

register.php　　　　　　　　　　　index.php

图 3-2　会员注册和登录功能

使用数据库完成会员注册和登录的功能在整体的实现上，可以划分为以下 5 个步骤。

（1）会员注册。

（2）会员登录。

（3）Session。

（4）数据库基本操作。

（5）收菜游戏案例数据库。

任务实施

步骤 1：会员注册

使用数据库完成会员注册是将会员注册表单页面填写的用户名、密码提交，然后将提交的注册信息存储于数据库中并返回执行结果。

【知识链接】MySQL 数据插入

insert 语句是插入语句，主要用于向 MySQL 数据表中插入记录。下面以 user 表为例，编写和执行 insert 语句。既然要向 user 表中插入记录，就要知道 user 表中有哪些字段名、字段类型等，user 表的表结构如表 3-1 所示。

表 3-1　user 表的表结构

字 段 名	数据类型	约　　束	字 段 说 明
id	int	auto_increment、primary key	用户编号
username	varchar(200)	not null	用户名
password	varchar(200)	not null	用户密码
gold	int	default 100	金币数量

insert 语句有 3 种常用用法。

insert 语句的第 1 种语法格式如下：

```
insert into 表名 values（值1，值2，值3，...）;
```

注意：values 后面括号中值的排列顺序必须与数据表中字段名的排列顺序保持一致。

示例代码如下：

```
insert into user values(1,'tom','123456',300);
```

代码讲解：

```
insert into user values(1,'tom','123456',300);
```

使用 insert 语句向 user 表中插入一条记录。

insert：表示当前是插入语句。

into：指定要向哪个数据表中插入记录。

user：表示向 user 表中插入记录。

values：指定插入的记录。

(1,'tom','123456',300)：插入的记录。

- 1：表示要向 user 表的 id 字段中插入的数据。
- 'tom'：表示要向 user 表的 username 字段中插入的数据。
- '123456'：表示要向 user 表的 password 字段中插入的数据。
- 300：表示要向 user 表的 gold 字段中插入的数据。

💡 注意：MySQL 数据库中的字符串必须用英文单引号引起来。

上述示例代码的运行效果如图 3-3 所示。

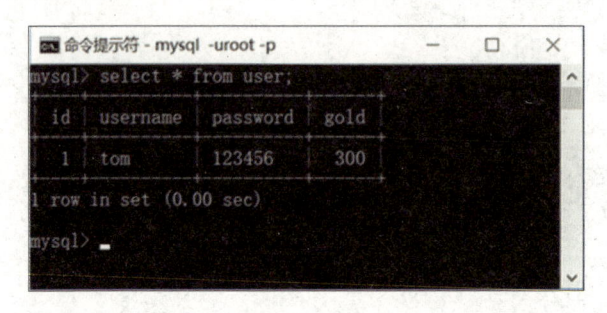

图 3-3　insert 语句示例的运行效果（一）

insert 语句的第 2 种语法格式如下：

`insert into 表名（字段名1，字段名2，字段名3，...）values（值1，值2，值3，...）;`

💡 注意：values 后面括号中值的排列顺序必须与 values 前面字段名的排列顺序保持一致。

示例代码如下：

`insert into user(username,password)values('jim','123456');`

代码讲解：

`insert into user(username,password)values('jim','123456');`

使用 insert 语句向 user 表中插入一条记录。

(username,password)：表示要向 user 表的 username、password 字段中插入的数据。

('jim','123456')：插入的数据。

- 'jim'：表示要向 user 表的 username 字段中插入的数据。
- '123456'：表示要向 user 表的 password 字段中插入的数据。

上述示例代码的运行效果如图 3-4 所示。

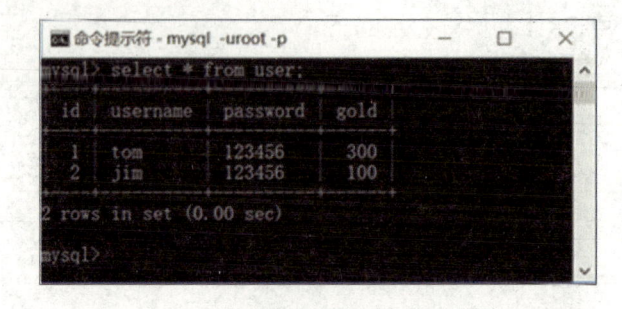

图 3-4　insert 语句示例的运行效果（二）

insert 语句的第 3 种语法格式如下：

```
insert into 表名（字段名 1，字段名 2，...）values（值 1，值 2，...），（值 1，值 2，...），（值 1，值 2，...）；
```

示例代码如下：

```
insert into user(username,password)values('张三','123456'),('李四','123456');
```

代码讲解：

```
insert into user(username,password)values('张三','123456'),('李四','123456');
```

使用 insert 语句向 user 表中连续插入两条记录。

('张三','123456')：表示要向 user 表中插入的第 1 条记录。

('李四','123456')：表示要向 user 表中插入的第 2 条记录。

上述示例代码的运行效果如图 3-5 所示。

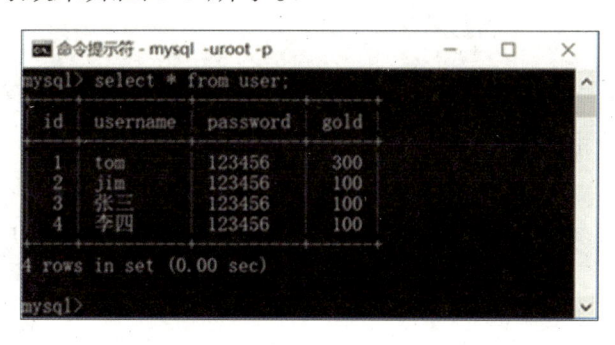

图 3-5 insert 语句示例的运行效果（三）

【知识链接】PHP 操作数据库

在 PHP 中，可以使用 PDO（PHP Data Object，PHP 数据对象）对 MySQL 数据库进行操作。PDO 为 PHP 访问数据库定义了一个轻量级的一致性接口，它不但可以操作 MySQL 数据库，而且可以操作 Oracle、SQLServer 等数据库。

1. 创建 PDO 对象

PDO 基于面向对象思想进行封装，使用 PDO 与 MySQL 数据库建立连接，需要创建 PDO 对象。

创建 PDO 对象的语法格式如下：

```
$conn = new PDO("数据库类型:host=主机地址;dbname=库名","数据库用户名","数据库密码");
```

示例代码如下：

```
<?php
```

```
header("content-type:text/html;charset=utf-8");

$url = "mysql:host=127.0.0.1;dbname=cai";
$user = "root";
$pwd = "123";
$conn = new PDO($url,$user,$pwd);
var_dump($conn);

$conn = NULL;
```

代码讲解:

1)指定数据源。

```
$url = "mysql:host=127.0.0.1;dbname=cai";
```

指定 PDO 对象连接的数据源。

mysql:表示 PDO 对象连接的数据库类型。

127.0.0.1:表示数据库的主机地址。如果是本地主机,则可以写成 localhost。

cai:表示要访问的数据库名。

2)创建 PDO 对象。

```
$conn = new PDO($url,$user,$pwd);
```

创建 PDO 对象,并且连接 PDO 对象与 MySQL 数据库。

$conn:表示 PDO 对象,也表示 MySQL 数据库的连接对象。

$url:表示 PDO 对象连接的数据源。

$user:MySQL 数据库用户名(root 是 MySQL 数据库的超级管理员账号)。

$pwd:MySQL 数据库密码。

3)关闭连接。

```
$conn = NULL;
```

将 PDO 对象设置为 NULL,用于断开 PDO 对象与 MySQL 数据库之间的连接。

💡 注意:该条代码可以省略。因为 PHP 有垃圾回收机制,变量在使用结束后,系统会自动将其销毁。

2. 执行 SQL 语句

PDO 提供了 3 种执行 SQL 语句的方法,分别是 exec()方法、query()方法、prepare()方法。

使用 exec()方法可以执行一条 SQL 语句,并且返回受影响的行数,该方法通常用于执行 insert、update、delete 等语句。

exec()方法的语法格式如下：

```
int PDO::exec(String sql);
```

示例代码如下：

```php
<?php
header("content-type:text/html;charset=utf-8");

$url = "mysql:host=127.0.0.1;dbname=cai";
$user = "root";
$pwd = "123";

$conn = new PDO($url,$user,$pwd);
$row = $conn->exec("insert into user(username,password)values(' 张 三 ','123456')");
echo "受影响行数：{$row}";
```

代码讲解：

```
$row = $conn->exec("insert into user(username,password)values(' 张 三 ','123456')");
```

通过 PDO 对象调用 exec()方法执行 insert 语句，用于向 user 表中插入一条记录。

$row：表示数据库中受影响的行数。

创建一个 register.php 文件，用于制作会员注册表单页面，代码如下：

```html
<!DOCTYPE html>
<html>
  <head>
    <title>会员注册</title>
    <meta charset="utf-8" />
    <link href="css/cai.css" type="text/css" rel="stylesheet" />
    <script type="text/javascript" src="js/jquery-1.8.3.min.js"></script>
    <script type="text/javascript">
      //表单验证
      function validate_form(){
        if($("#username").val() == ""){
          alert("请输入注册名称！");
          $("#username").focus();
        }
        else if($("#password").val() == "") {
          alert("请输入注册密码！");
          $("#password").focus();
        }
```

```
                else if($("#password").val() != $("#passwordre").val()) {
                    alert("两次输入的密码不一致!");
                    $("#passwordre").focus();
                }
                else{
                    var username = $("#username").val();
                    var password = $("#password").val();
                    var param = {"username":username,"password":password};

                    //使用ajax()方法提交注册信息
                    $.ajax({
                        type:"post",
                        url:"registerUser.php",
                        data:param,
                        success:function(data){
                            if(data == 1){
                                alert("会员注册成功！即将跳转到会员登录页面...");
                                window.location = "index.php";
                            }
                            else if(data == 0){
                                alert("会员注册失败！");
                            }
                        }
                    });
                }
            }
    </script>
</head>
<body>
    <!-- 注册表单 -->
    <div class="bg">
      <div class="login">
        <div class="login_items1">
          <div>注册名称：</div>
          <div><input type="text" id="username" name="username" class="login_txt"/></div>
        </div>
        <div class="login_items2">
          <div>注册密码：</div>
          <div><input type="password" id="password" name="password" class=
```

```
"login_txt" /></div>
        </div>
        <div class="login_items2">
          <div>确认密码: </div>
          <div><input type="password" id="passwordre" name="passwordre" class="login_txt" /></div>
        </div>
        <div class="login_items5">
          <div><input type="button" value="注册" onclick="validate_form()" class="btn1" /></div>
          <div><a href="index.php" class="a1">返回</a></div>
        </div>
      </div>
    </div>
  </body>
</html>
```

代码讲解：

1）获取会员注册表单提交的数据并验证。

```
if($("#username").val() == ""){
    alert("请输入注册名称！");
    $("#username").focus();
}
else if($("#password").val() == "") {
    alert("请输入注册密码！");
    $("#password").focus();
}
else if($("#password").val() != $("#passwordre").val()) {
    alert("两次输入的密码不一致！");
    $("#passwordre").focus();
}
```

if($("#username").val() == "")：验证注册名称。

alert("请输入注册名称！")：提示"请输入注册名称！"。

$("#username").focus()："注册名称"文本框获取焦点。

else if($("#password").val() == "")：验证注册密码。

alert("请输入注册密码！")：提示"请输入注册密码！"。

$("#password").focus()："注册密码"文本框获取焦点。

else if($("#password").val() != $("#passwordre").val())：验证确认密码。

alert("两次输入的密码不一致！")：提示"两次输入的密码不一致！"。

$("#passwordre").focus()："确认密码"文本框获取焦点。

2）使用ajax()方法提交注册信息。

```
var username = $("#username").val();
var password = $("#password").val();
var param = {"username":username,"password":password};
$.ajax({
    type:"post",
    url:"registerUser.php",
    data:param,
    success:function(data){
        ...
    }
});
```

type:"post"：设置会员注册表单以POST请求方式提交数据。

url:"registerUser.php"：设置会员注册表单的提交地址为registerUser.php文件。

data:param：设置会员注册表单提交的数据。

success:function(data)：主要用于接收返回的结果并对其进行处理。

3）处理返回数据。

```
if(data == 1){
    alert("会员注册成功！即将跳转到会员登录页面...");
    window.location = "index.php";
}
else if(data == 0){
    alert("会员注册失败！");
}
```

if(data == 1)：判断返回值是否为1。

alert("会员注册成功！即将跳转到会员登录页面...")：提示"会员注册成功！即将跳转到会员登录页面..."。

window.location = "index.php"：跳转至登录页面。

创建一个registerUser.php文件，用于制作会员注册数据处理页面。registerUser.php文件中的代码如下：

```
<?php
header("content-type:text/html;charset=utf-8");
/**
    会员注册数据处理
```

```
    */
    //获取会员注册表单提交的用户名和密码
    $username = $_POST["username"];
    $password = $_POST["password"];

    //数据库连接参数
    $url = "mysql:host=主机地址;dbname=库名";
    $user = "用户名";
    $pwd = "密码";

    //连接数据库并插入数据
    $conn = new PDO($url,$user,$pwd);
    $result = $conn->exec("insert into user(username, password)values('{$username}','{$password}')");

    if($result > 0) {
        echo 1;
    }
    else{
        echo 0;
    }
```

代码讲解：

1）获取会员注册表单提交的用户名和密码。

```
$username = $_POST["username"];
$password = $_POST["password"];
```

2）数据库连接参数。

```
$url = "mysql:host=主机地址;dbname=库名";
$user = "用户名";
$pwd = "密码";
```

3）连接数据库并插入数据。

```
$conn = new PDO($url,$user,$pwd);
$result = $conn->exec("insert into user(username, password)values('{$username}','{$password}')");
```

4）判断是否成功。

```
if($result > 0){
    echo 1;
}
else{
```

```
    echo 0;
}
```

if($result > 0)：表示判断插入数据是否成功。

echo 1：表示输出 1。

上述代码的运行效果如图 3-6 所示。

图 3-6 会员注册功能

步骤 2：会员登录

使用数据库实现会员登录功能是指将会员登录表单页面中的表单信息（填写的用户名、密码）提交，然后将提交的登录信息与数据库中的用户信息进行比对验证，并且返回验证结果。

【知识链接】MySQL 数据查询

SQL 数据查询语句是 select 语句，可以进行各种查询操作，用于满足用户的查询需求。

1. select 普通查询

select 普通查询的第 1 种语法格式如下：

```
select * from 表名;
```

示例代码如下：

```
select * from user;
```

代码讲解：

```
select * from user;
```

使用 select 语句查询 user 表中的所有记录。

select：表示当前是查询语句。

*：表示查询 user 表中的所有字段。

from：用于指定要查询的表名。

user：表示查询 user 表中的数据。

上述示例代码的运行效果如图 3-7 所示。

在有些情况下，我们并不需要查询表中的所有字段，可以将 "*" 替换成要查询的字段名。

select 普通查询的第 2 种语法格式如下：

select 字段1,字段2,... from 表名;

示例代码如下：

select id,username,password from user;

代码讲解：

select id,username,password from user;

使用 select 语句查询 user 表中的所有记录，并且只查询 id、username、password 字段值。

id,username,password：表示要查询的字段，多个字段之间用英文逗号分隔。

上述示例代码的运行效果如图 3-8 所示。

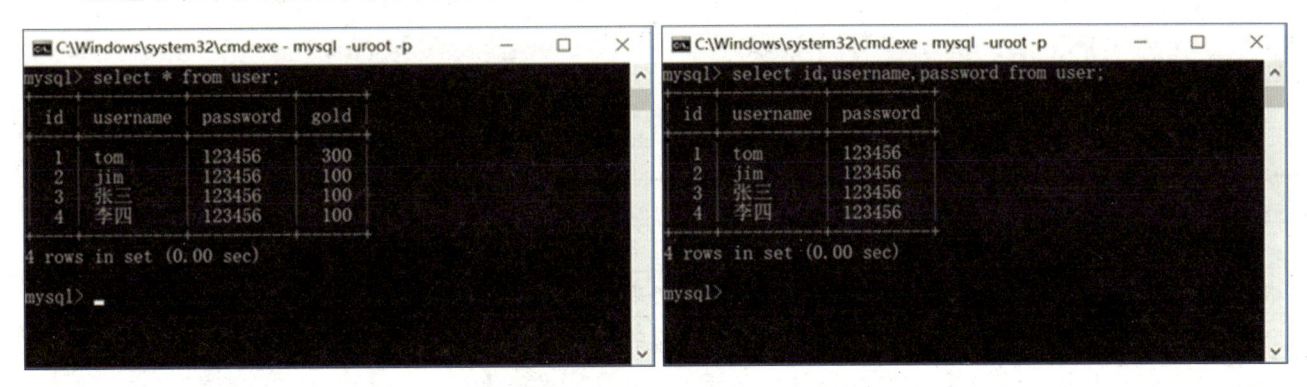

图 3-7　select 普通查询示例的运行效果（一）　　图 3-8　select 普通查询示例的运行效果（二）

2. select 条件查询

在通常情况下，用户并不需要查询表中的所有记录，只需要根据特定条件查询部分数据，此时，可以使用 where 关键字实现条件查询。

select 条件查询的语法格式如下：

select * from 表名 where 条件;

示例代码如下：

select * from user where gold=100;

代码讲解：

select * from user where gold=100;

使用 select 语句查询 user 表中 gold 字段值为 100 的所有记录。

where：用于指定查询语句的条件。

gold=100：表示查询语句的条件。

上述示例代码的运行效果如图 3-9 所示。

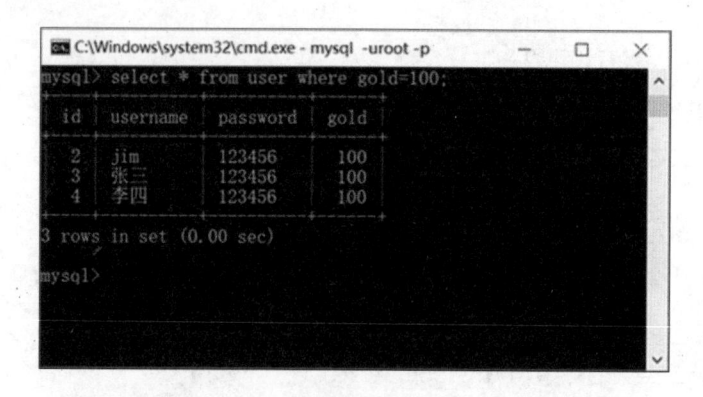

图 3-9　select 条件查询示例的运行效果（一）

where 关键字的注意事项如下：
- where 关键字可以使用比较运算符指定查询条件。
- 使用 where 关键字指定的查询条件可以是一个，也可以是多个，这些条件可以用逻辑运算符连接起来。

MySQL 中的比较运算符如表 3-2 所示。

表 3-2　MySQL 中的比较运算符

比较运算符	说明
=	等号，用于检测两个值是否相等，如果相等，则返回 true
<>、!=	不等号，用于检测两个值是否不相等，如果不相等，则返回 true
<	小于号，用于检测左边的值是否小于右边的值，如果小于，则返回 true
<=	小于或等于号，用于检测左边的值是否小于或等于右边的值，如果小于或等于，则返回 true
>	大于号，用于检测左边的值是否大于右边的值，如果大于，则返回 true
>=	大于或等于号，用于检测左边的值是否大于或等于右边的值，如果大于或等于，则返回 true

MySQL 中的逻辑运算符如表 3-3 所示。

表 3-3　MySQL 中的逻辑运算符

逻辑运算符	说明
and	表示多个条件都必须满足
or	表示满足任意一个条件即可

示例代码如下：

```
select * from user where username='张三' and password='123456';
```

代码讲解：

```
select * from user where username='张三' and password='123456';
```

使用 select 语句查询 user 表中 username 字段值为"张三"且 password 字段值为"123456"的记录。

上述示例代码的运行效果如图 3-10 所示。

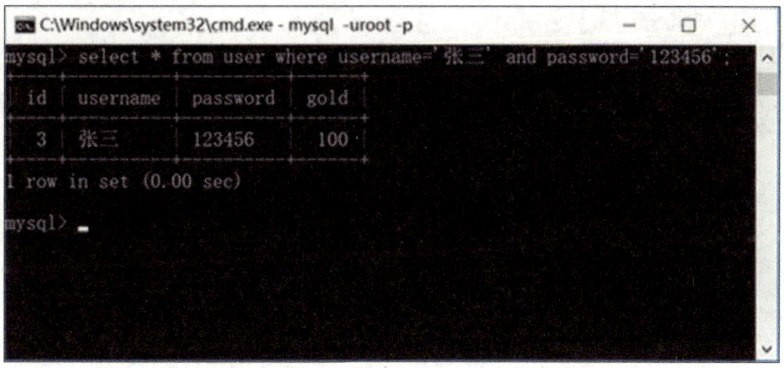

图 3-10　select 条件查询示例的运行效果（二）

【知识链接】使用 PDO 查询 MySQL 数据库中的数据

1. query()方法

在 PHP 中，如果要对 MySQL 数据库中的数据进行查询操作，则可以使用 PDO 的 query() 方法实现。与 exec() 方法不同，query() 方法通常用于执行 select 语句，返回值是 PDOStatement 对象。

query() 方法的语法格式如下：

```
PDOStatement PDO::query(String sql)
```

示例代码如下：

```php
<?php
header("content-type:text/html;charset=utf-8");

$url = "mysql:host=127.0.0.1;dbname=cai";
$user = "root";
$pwd = "123";

$conn = new PDO($url,$user,$pwd);
$st = $conn->query("select * from user");
print_r($st);
```

代码讲解：

```
$st = $conn->query("select * from user");
```

使用 PDO 的 query() 方法执行 select 查询语句，返回值为 PDOStatement 对象。

2. fetchAll()方法

在使用 PDO 的 query() 方法执行 select 语句后，会返回一个 PDOStatement 对象。使用

PDOStatement 对象的 fetchAll()方法可以返回一个包含查询结果集中所有记录的二维数组。

fetchAll()方法的语法格式如下：

```
array PDOStatement::fetchAll( [ int $fetch_style [ , mixed $fetch_argument [ , array $ctor_args ] ] ] )
```

示例代码如下：

```php
<?php
header("content-type:text/html;charset=utf-8");

$url = "mysql:host=127.0.0.1;dbname=cai";
$user = "root";
$pwd = "123";

$conn = new PDO($url,$user,$pwd);
$st = $conn->query("select * from user");
$rs = $st->fetchAll();

echo "<pre>";
print_r($rs);
echo "</pre>";
```

代码讲解：

```
$rs = $st->fetchAll();
```

使用 PDOStatement 对象调用 fetchAll()方法，可以获取查询结果集中的所有记录。

3. fetch()方法

在使用 PDO 的 query()方法执行 select 语句后，会返回一个 PDOStatement 对象。使用 PDOStatement 对象的 fetch()方法可以从查询结果集中获取一条指定的记录，返回值为一维数组。

fetch()方法的语法格式如下：

```
array PDOStatement::fetch( [ int $fetch_style [ , int $cursor_orientation [ , int $cursor_offset ] ] ] )
```

示例代码如下：

```php
<?php
header("content-type:text/html;charset=utf-8");

$url = "mysql:host=127.0.0.1;dbname=cai";
$user = "root";
$pwd = "123";
```

```
$conn = new PDO($url,$user,$pwd);
$st = $conn->query("select * from user where username='张三' and password=
'123456'");
$rs = $st->fetch();

echo "<pre>";
print_r($rs);
echo "</pre>";
```

代码讲解：

```
$rs = $st->fetch();
```

使用 PDOStatement 对象调用 fetch() 方法，可以获取查询结果集中的一条指定记录。

【知识链接】SQL 注入

SQL 注入是指攻击者篡改程序中的 SQL 语句，在管理员不知情的情况下进行非法操作，欺骗数据库服务器执行非授权的查询语句，从而得到相应的信息。

SQL 注入通常发生在会员登录功能中。

用户在网站中执行登录操作时，程序会执行如下 SQL 语句。

```
select * from 用户表 where username='用户名' and password='密码'
```

在用户输入正确的用户名、密码后，如果该语句可以查询到相应的记录，则表示会员登录成功。

示例代码如下：

```
select * from user where username='张三' and password='123456';
```

上述示例代码的运行效果如图 3-11 所示。

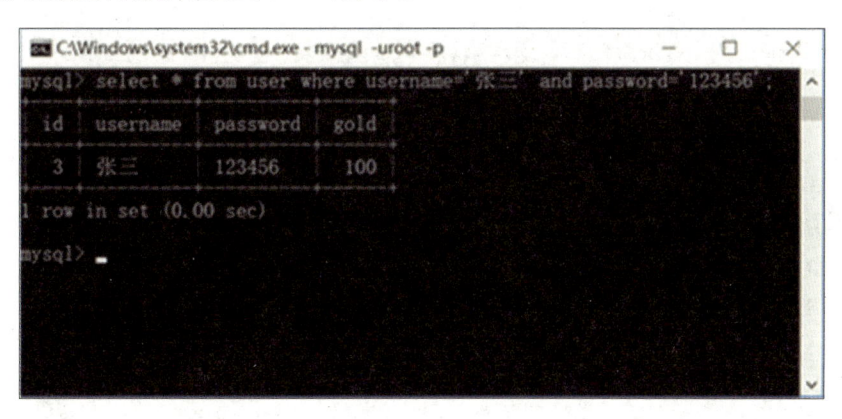

图 3-11　正常 SQL 查询示例的运行结果

但是一些别有用心的人，会在用户输入用户名、密码后，嵌入恶意的 SQL 语句，从而实现非法登录的操作。例如，输入的用户名为 "'or 1=1;#"，密码为任意内容，代码如下：

```
select * from user where username='' or 1=1;#' and password='';
```

上述示例代码的运行效果如图 3-12 所示。

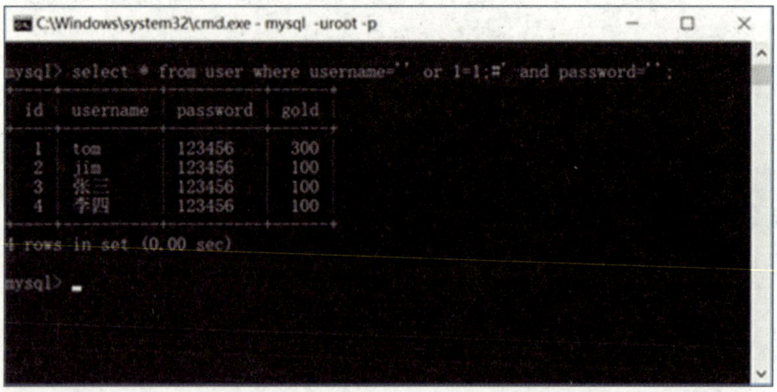

图 3-12　SQL 注入查询示例的运行结果

这样的结果不是我们想要的，有漏洞的代码是致命的。为了防止 SQL 注入的发生，最简单的办法是使用预处理语句。

【知识链接】PDO 预处理

使用预处理语句，可以确保不会发生 SQL 注入。在 PDO 中，可以使用 prepare()方法实现预处理语句，返回值是 PDOStatement 对象。

prepare()方法的语法格式如下：

```
PDOStatement  PDO::prepare( String  sql )
```

示例代码如下：

```php
<?php
header("content-type:text/html;charset=utf-8");

$userName = "张三";
$password = "123456";

//连接数据库
$url = "mysql:host=127.0.0.1;dbname=cai";
$user = "root";
$pwd = "123";
$conn = new PDO($url,$user,$pwd);

//预处理
$st = $conn->prepare("select * from user where username=? and password=?");
$st->bindParam(1,$userName);
$st->bindParam(2,$password);
$st->execute();
```

```
//获取结果集
$rs = $st->fetch();

echo "<pre>";
var_dump($rs);
echo "</pre>";
```

代码讲解：

1）指定要执行的 SQL 语句。

```
$st = $conn->prepare("select * from user where username=? and password=?");
```

使用 PDO 的 prepare()方法指定要执行的 SQL 语句，返回值为 PDOStatement 对象。

SQL 语句中的英文问号"?"是占位符，后面会为其绑定具体的参数值。

2）为占位符绑定参数值。

```
$st->bindParam(1,$userName);
$st->bindParam(2,$password);
```

使用 bindParam()方法为 SQL 语句中的英文问号（占位符）绑定具体的参数值。

数字 1：表示 SQL 语句中的第 1 个占位符，即 username 字段的值。

$userName：将$userName 变量的值绑定给 SQL 语句中的第 1 个占位符。

数字 2：表示 SQL 语句中的第 2 个占位符，即 password 字段的值。

$password：将$password 变量的值绑定给 SQL 语句中的第 2 个占位符。

3）执行预处理语句。

```
$st->execute();
```

使用 execute()方法执行预处理语句。

创建一个 index.php 文件，用于制作会员登录表单页面。index.php 文件中的代码如下：

```
<!DOCTYPE html>
<html>
  <head>
    <title>收菜游戏案例</title>
    <meta charset="utf-8" />
    <link href="css/cai.css" type="text/css" rel="stylesheet" />
    <script type="text/javascript" src="js/jquery-1.8.3.min.js"></script>
    <script type="text/javascript">
      //登录验证
      function login(){
        if($("#username").val() == ""){
          alert("登录名称不能为空！");
          $("#username").focus();
          return false;
```

```
            }
            else if($("#password").val() == ""){
                alert("登录密码不能为空!");
                $("#password").focus();
                return false;
            }
        }
    </script>
  </head>
  <body>

    <!-- 登录表单 -->
    <form name="login_form" method="post" action="login.php" onsubmit="return login()">
      <div class="bg">
        <div class="login">
          <div class="login_items1">
            <div>登录名称:</div>
            <div><input type="text" id="username" name="username" class="login_txt"/></div>
          </div>
          <div class="login_items2">
            <div>登录密码:</div>
            <div><input type="password" id="password" name="password" class="login_txt" /></div>
          </div>
          <div class="login_items3">
            <input type="checkbox" id="remember" name="remember" />记住用户名和密码
          </div>
          <div class="login_items3">
            <span>没有账号？</span><a href="register.php" class="a1">去注册&raquo;</a>
          </div>
          <div class="login_items4">
            <input type="submit" value="登录" class="btn1" />
          </div>
        </div>
      </div>
    </form>

  </body>
</html>
```

代码讲解:

```
function login(){
    if($("#username").val() == ""){
        alert("登录名称不能为空!");
        $("#username").focus();
        return false;
    }
    else if($("#password").val() == ""){
        alert("登录密码不能为空!");
        $("#password").focus();
        return false;
    }
}
```

获取会员登录表单提交的数据并验证。

if($("#username").val() == ""):判断登录名称是否为空。

alert("登录名称不能为空!"):提示"登录名称不能为空!"。

$("#username").focus():"登录名称"文本框获取焦点。

else if($("#password").val() == ""):判断登录密码是否为空。

alert("登录密码不能为空!"):提示"登录密码不能为空!"。

$("#password").focus():"登录密码"文本框获取焦点。

创建一个 login.php 文件,用于制作会员登录数据处理页面。login.php 文件中的代码如下:

```php
<?php
header("content-type:text/html;charset=utf-8");

//判断会员登录表单是否提交了数据
if(isset($_POST["username"])){
    
    //获取会员登录表单提交的数据
    $userName = $_POST["username"];
    $password = $_POST["password"];
    
    $face = "";
    $msg = "";
    
    //拼接SQL语句
    $sql = "select * from user where username=? and password=?";
    
    //连接数据库
    $url = "mysql:host=主机地址;dbname=库名";
```

```php
    $user = "用户名";
    $pwd = "密码";
    $conn = new PDO($url,$user,$pwd);
    $st = $conn->prepare($sql);
    $st->bindParam(1,$userName);
    $st->bindParam(2,$password);
    $st->execute();
    $rs = $st->fetch();

    //登录判断
    if($rs != false){
        $face = ":)";
        $msg = "会员登录成功！";
    }
    else{
        $face = ":(";
        $msg = "会员登录失败！";
    }

    //提示信息
    echo "<div style='font-size:70px;'>{$face}</div>";
    echo "<div style='font-size:20px;margin-top:30px;'>";
    echo " {$msg} <a href='index.php' style='color:red;'>返回</a>";
    echo "</div>";
}
```

代码讲解：

1）获取会员登录表单提交的用户名和密码。

```php
$userName = $_POST["username"];
$password = $_POST["password"];
```

2）数据库连接。

```php
$url = "mysql:host=主机地址;dbname=库名";
$user = "用户名";
$pwd = "密码";
$conn = new PDO($url,$user,$pwd);
```

3）PDO 预处理。

```php
$st = $conn->prepare($sql);
$st->bindParam(1,$userName);
$st->bindParam(2,$password);
$st->execute();
$rs = $st->fetch();
```

4)判断会员登录是否成功。

```
if($rs != false){
    $face = ":)";
    $msg = "会员登录成功！";
}
else{
    $face = ":(";
    $msg = "会员登录失败！";
}
```

上述代码的运行效果如图 3-13 所示。

图 3-13　会员登录功能

步骤 3：Session

Session 是 PHP 中的预定义变量之一，主要用于存储用户会话信息，或者更改用户会话的设置。

Session 的特点如下：
- 在用户访问网站时，由服务器自动创建。
- 在用户离开网站时，由服务器自动销毁。
- 访问网站的每个用户都有一个独立的 Session。
- Session 只能存储单一用户信息。
- Session 中存储的信息，在网站所有页面中均可访问。
- Session 以文本文件的形式存储于服务器端。

Session 的工作机制为，服务器为访问网站的每个用户创建一个唯一的 session_id，并且基于这个 session_id 以文本文件的形式存储用户会话信息。Session 的工作机制图解如图 3-14 所示。

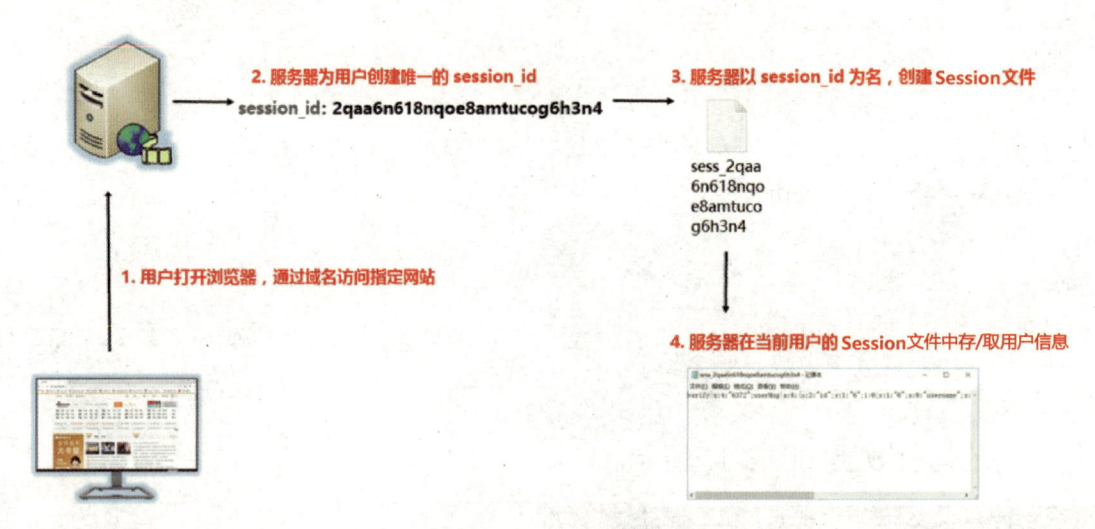

图 3-14　Session 的工作机制图解

【知识链接】开启 Session

Session 在使用前必须先开启，在 PHP 中，可以使用 session_start() 函数开启 Session。示例代码如下：

```
<?php
header("content-type:text/html;charset=utf-8");

session_start();
echo session_id();
```

代码讲解：

1）开启 Session。

```
session_start();
```

使用 session_start() 函数开启 Session。

注意：在 session_start() 函数之前不能有任何形式的输出语句。

2）获取当前用户的 session_id。

```
echo session_id();
```

使用 session_id() 函数获取当前用户的 session_id。

【知识链接】使用 Session

在 PHP 中，使用预定义变量 $_SESSION 可以进行 Session 的存值与取值操作。

示例代码如下：

```
<?php
header("content-type:text/html;charset=utf-8");
```

```
session_start();

$_SESSION["userName"] = "张三";
$_SESSION["age"] = 30;

echo "Session 中的用户名：{$_SESSION["userName"]}<br/><br/>";
echo "Session 中的年龄：{$_SESSION["age"]}";
```

代码讲解：

1）开启 Session。

```
session_start();
```

使用 session_start()函数开启 Session。

2）向 Session 中存储数据。

```
$_SESSION["userName"] = "张三";
$_SESSION["age"] = 30;
```

使用预定义变量$_SESSION 进行 Session 的存值操作。

$_SESSION["userName"] = "张三"：将字符串"张三"存储于 Session 中，对应的 Session 名称为 userName。

$_SESSION["age"] = 30：将数字 30 存储于 Session 中，对应的 Session 名称为 age。

💡 注意：Session 中可以存储任意类型的数据。

3）读取 Session 中的数据。

```
echo "Session 中的用户名：{$_SESSION["userName"]}<br/><br/>";
echo "Session 中的年龄：{$_SESSION["age"]}";
```

使用预定义变量$_SESSION 进行 Session 的取值操作。

$_SESSION["userName"]：获取 Session 中名称为 userName 的值。

$_SESSION["age"]：获取 Session 中名称为 age 的值。

💡 注意：Session 中存储的数据可以跨页面访问。例如，在 a.php 文件中向 Session 中存储数据，在 b.php 文件中读取 Session 中的数据。

【知识链接】销毁 Session

销毁 Session 可以清除 Session 中存储的数据。在 PHP 中，可以使用 unset()函数和 session_destroy()函数清除 Session 中存储的数据。

1. unset()函数

unsct()函数主要用于清除 Session 中的指定数据。

示例代码如下：

```php
<?php
header("content-type:text/html;charset=utf-8");

session_start();
$_SESSION["userName"] = "张三";
$_SESSION["age"] = 30;

unset($_SESSION["userName"]);
print_r($_SESSION);
```

代码讲解：

```
unset($_SESSION["userName"]);
```

使用 unset() 函数清除 Session 中名称为 userName 的数据。

💡 **注意**：使用 unset() 函数可以清除 Session 中的任意数据。

2. session_destroy()函数

session_destroy()函数主要用于清除 Session 中的所有数据。

示例代码如下：

```php
<?php
header("content-type:text/html;charset=utf-8");

session_start();
$_SESSION["userName"] = "张三";
$_SESSION["age"] = 30;

session_destroy();
print_r($_SESSION);
```

代码讲解：

```
session_destroy();
```

使用 session_destroy() 函数清除 Session 中的所有数据。

💡 **注意**：session_destroy()函数的原理是将 Session 对应的文本文件删除。可是，该函数并没有清空预定义变量 $_SESSION 中的数据，所以在运行上述示例代码时，仍然会有输出结果。但是，在浏览器页面跳转后，当我们再次读取 Session 中的数据时，会发现 Session 中的数据已被清空。

可以将用户名、账户存款等信息显示在页面中。创建一个 index.php 文件，用于制作收菜游戏页面。index.php 文件中的代码如下：

```php
<?php
```

```php
    header("content-type:text/html;charset=utf-8");
    session_start();//并启会话
?>
<!DOCTYPE html>
<html>
  <head>
    <title>收菜游戏案例</title>
    <meta charset="utf-8" />
    <script type="text/javascript" src="js/jquery-1.8.3.min.js"></script>
    <link href="css/cai.css" type="text/css" rel="stylesheet" />
    <script type="text/javascript">
        //登录验证
        function login(){
            var username = $("#username").val();
            var password = $("#password").val();
            var param = {"username":username,"password":password};

            if(username == ""){
                alert("登录名称不能为空！");
                $("#username").focus();
            }
            else if(password == ""){
                alert("登录密码不能为空！");
                $("#password").focus();
            }
            else{
                //使用ajax()方法进行登录验证
                $.ajax({
                    type:"post",
                    url:"login.php",
                    data:param,
                    success:function(data){
                        if(data == 1){
                            alert("会员登录成功！");
                            window.location.reload();
                        }
                        else if(data == 0){
                            alert("登录名称或密码错误！");
                        }
                    }
```

```
                });
            }
        }
        //退出登录
        function logout(){
            if(confirm("是否确认退出登录?")){
                $.ajax({
                    type:"post",
                    url:"logout.php",
                    success:function(data){
                        alert("退出登录成功!");
                        window.location.reload();
                    }
                });
            }
        }
    </script>
  </head>
  <body>
<?php
    //用户已登录
    if(isset($_SESSION["userMsg"])){
?>
    <h2>收菜游戏</h2>

    <hr />

    <!-- 登录状态条 -->
    <div id="loginInfo" class="border_area">
      <?php echo $_SESSION["userMsg"]["username"];?>,已登录
           
      <input type="button" value="退出登录" onclick="logout()" />
    </div>

    <div class="border_area">账户存款:<span id="userGold"><?php echo $_SESSION["userMsg"]["gold"]?></span> 金币</div>

    <hr />
    <br/>
    <div class="title_area">田地</div>
```

```html
<table class="gridtable">
  <tr>
    <th width="50px">编号</th>
    <th width="150px">效果图</th>
    <th width="70px">状态</th>
    <th width="100px">时间</th>
    <th width="300px">操作</th>
  </tr>
  <tr>
    <td>1</td>
    <td id="landPic1"><img src="images/ground.png"/></td>
    <td id="landMsg1">未耕种</td>
    <td id="landTime1"></td>
    <td>
      <select id="cropId1">
        <option value="1">白菜 10￥</option>
      </select>

      <input type='button' value='耕 种' />
      <input type='button' value='浇 水' />
      <input type='button' value='收 菜' />
    </td>
  </tr>
  <tr>
    <td>2</td>
    <td id="landPic2"><img src="images/ground.png"/></td>
    <td id="landMsg2">未耕种</td>
    <td id="landTime2"></td>
    <td>
      <select id="cropId2">
        <option value="1">白菜 10￥</option>
      </select>
      <input type='button' value='耕 种' />
      <input type='button' value='浇 水' />
      <input type='button' value='收 菜' />
    </td>
  </tr>
  <tr>
    <td>3</td>
    <td id="landPic3"><img src="images/ground.png"/></td>
```

```html
        <td id="landMsg3">未耕种</td>
        <td id="landTime3"></td>
        <td>
          <select id="cropId3">
            <option value="1">白菜 10￥</option>
          </select>
          <input type='button' value='耕 种' />
          <input type='button' value='浇 水' />
          <input type='button' value='收 菜' />
        </td>
      </tr>
    </table>

    <!-- 仓库信息 -->
    <span id="ckSpan"></span>

    <br/><br/><br/>
<?php
    }
    else{
?>
    <!-- 登录表单 -->
    <div class="bg">
      <div class="login">
        <div class="login_items1">
          <div>登录名称：</div>
          <div><input type="text" id="username" name="username" class="login_txt"/></div>
        </div>
        <div class="login_items2">
          <div>登录密码：</div>
          <div><input type="password" id="password" name="password" class="login_txt" /></div>
        </div>
        <div class="login_items3">
          <input type="checkbox" id="remember" name="remember" />记住用户名和密码
        </div>
        <div class="login_items3">
          <span>没有账号？</span><a href="register.php" class="a1">去注册
```

```
&raquo;</a>
        </div>
        <div class="login_items4">
          <input type="button" value="登录" onclick="login()" class="btn1" />
        </div>
      </div>
    </div>
<?php
    }
?>
  </body>
</html>
```

代码讲解:

1)开启 Session。

```
session_start();
```

2)用户已登录。

```
if(isset($_SESSION["userMsg"])){
  <h2>收菜游戏</h2>
  ...
  <input type="button" value="退出登录" onclick="logout()" />
  ...
}
```

if(isset($_SESSION["userMsg"])):用于判断用户是否已登录。

<h2>收菜游戏</h2>…:用于显示收菜游戏页面。

<input type="button" value="退出登录" onclick="logout()" />:用于创建"退出登录"按钮。

3)用户未登录。

```
else{
  <div class="bg">
  ...
}
```

else:表示用户未登录。

<div class="bg">…:用于显示会员登录表单页面。

创建一个 logout.php 文件,用于实现会员退出登录功能。logout.php 文件中的代码如下:

```
<?php
header("content-type:text/html;charset=utf-8");
session_start();//开启会话

//销毁 Session
```

```
unset($_SESSION["userMsg"]);
```

代码讲解：

1）开启 Session。

```
session_start();
```

2）销毁 Session。

```
unset($_SESSION["userMsg"]);
```

上述代码的运行效果如图 3-15 所示。

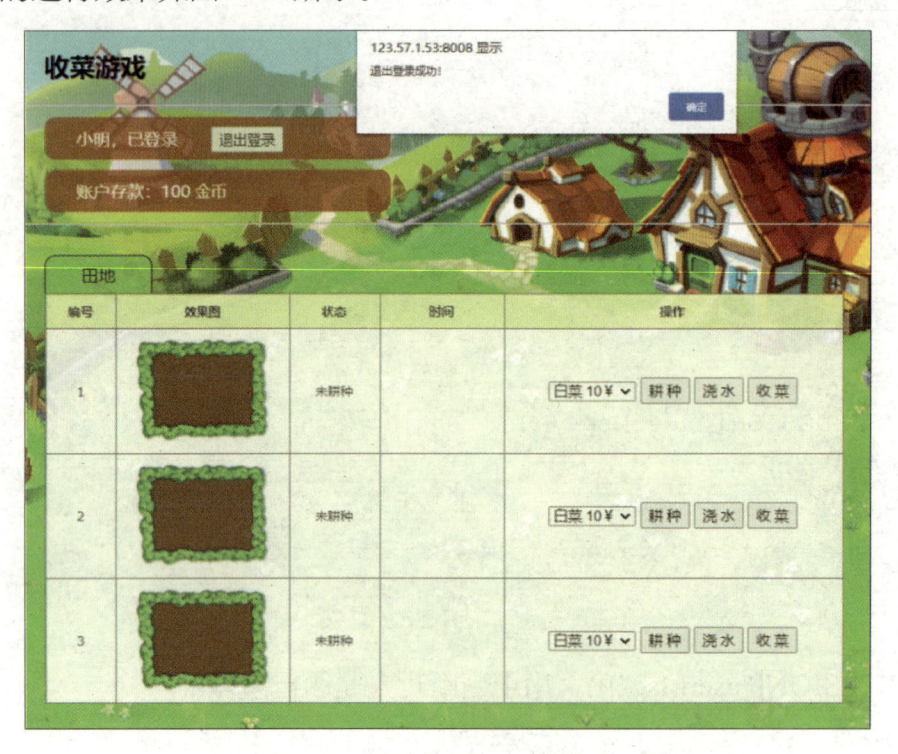

图 3-15　会员退出登录功能

步骤 4：数据库基本操作

【知识链接】查看 MySQL 中的所有数据库

在 MySQL 中，可以使用 show 语句查看当前 MySQL 中的所有数据库。

示例代码如下：

```
show databases;
```

代码讲解：

```
show databases;
```

使用 show 语句查看当前 MySQL 中的所有数据库名。

上述示例代码的运行效果如图 3-16 所示。

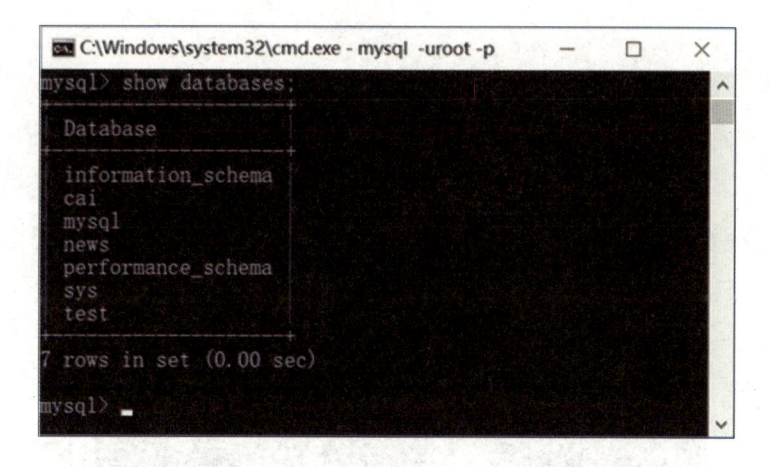

图 3-16　查看当前 MySQL 中的所有数据库名

【知识链接】使用数据库

在 MySQL 中，可以使用 use 语句进入某个指定的数据库。

示例代码如下：

```
use cai;
```

代码讲解：

```
use cai;
```

使用 use 语句进入名称为 cai 的数据库（cai 数据库）。

上述示例代码的运行效果如图 3-17 所示。

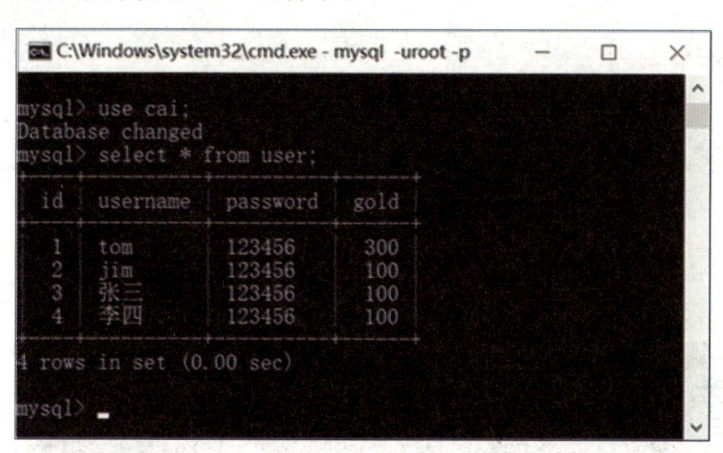

图 3-17　进入 cai 数据库

【知识链接】查看当前数据库中的所有数据表

在 MySQL 中，可以使用 show 语句查看当前数据库中的所有数据表。

示例代码如下：

```
show tables;
```

代码讲解：

```
show tables;
```

使用 show 语句查看当前数据库中的所有数据表名。

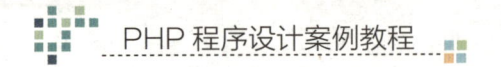

上述示例代码的运行效果如图 3-18 所示。

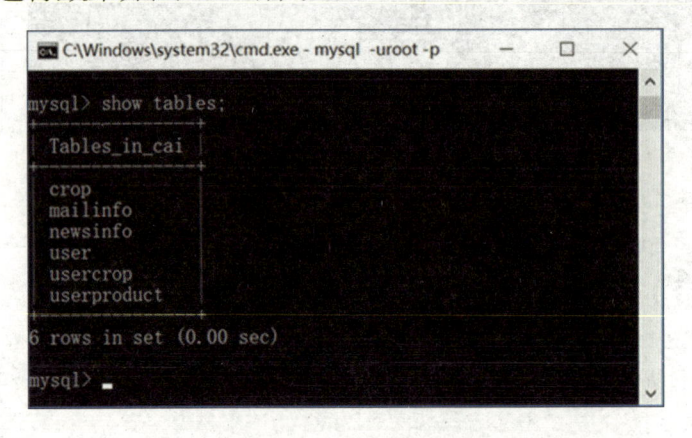

图 3-18　查看当前数据库中的所有数据表名

【知识链接】查看数据表的表结构

在 MySQL 中，可以使用 desc 语句查看数据表的表结构。

示例代码如下：

```
desc user;
```

代码讲解：

```
desc user;
```

使用 desc 语句查看名称为 user 的数据表（user 表）的表结构。

上述示例代码的运行效果如图 3-19 所示。

图 3-19　查看 user 表的表结构

📣 说明：

Field：数据表中每一列的列名，即字段名。

Type：数据表中每一列存储的数据的类型。

Null：数据表中的当前列是否允许为空。

Key：数据表中的当前列是否有主键约束或外键约束。

Default：数据表中的当前列是否有默认值。

Extra：数据表中的当前列是否有其他约束。

【知识链接】查看数据库编码

在 MySQL 中，可以使用 show 语句查看 MySQL 数据库整体的编码设置。

示例代码如下：

```
show variables like 'character%';
```

代码讲解：

```
show variables like 'character%';
```

show variables：查看 MySQL 数据库中所有变量的设置信息。

show variables like 'character%'：查看 MySQL 数据库中变量名以 'character' 开头的变量的设置信息。

上述示例代码的运行效果如图 3-20 所示。

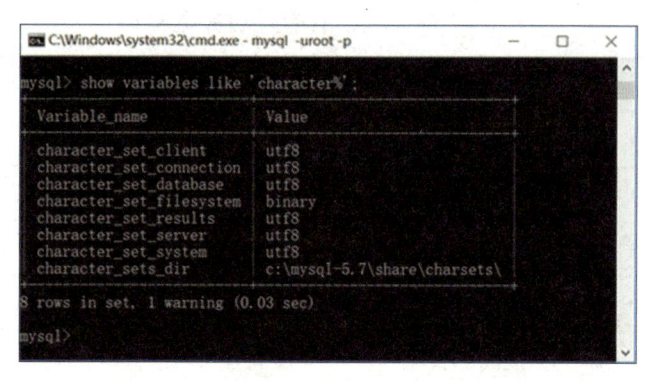

图 3-20　查看 MySQL 数据库中变量名以 'character' 开头的变量的设置信息

📣 说明：

character_set_client：MySQL 客户端的编码信息。

character_set_connection：MySQL 连接的编码信息。

character_set_database：MySQL 数据库的编码信息。

character_set_filesystem：MySQL 文件系统的编码信息。

character_set_results：MySQL 结果集的编码信息。

character_set_server：MySQL 服务器端的编码信息。

character_set_system：MySQL 系统的编码信息。

character_sets_dir：MySQL 编码文件的存储目录。

步骤 5：收菜游戏案例数据库

【知识链接】创建数据表

在 MySQL 中，可以使用 create table 语句创建数据表。create table 语句主要用于在当前数据库中创建一个数据表。

创建数据表的语法格式如下：

```
create table 表名
(
    字段名    数据类型(长度)    约束,
    字段名    数据类型(长度)    约束,
    字段名    数据类型(长度)    约束
);
```

在创建数据表时，必须指定数据表中每个字段的数据类型。

MySQL 中常用的数据类型如表 3-4 所示。

表 3-4　MySQL 中常用的数据类型

类　　型	大　　小	用　　途
int	4 字节	整数
float	4 字节	单精度小数
double	8 字节	双精度小数
char	0~255 字节	定长字符串
varchar	0~65 535 字节	变长字符串
text	0~65 535 字节	长文本数据
blob	0~65 535 字节	二进制形式的长文本数据
datetime	8 字节	混合日期和时间值
timestamp	4 字节	混合日期和时间值，UNIX 时间戳

在创建数据表时，经常需要指定数据表中每个字段的约束。约束是指数据表中数据的限制条件。

MySQL 中常用的约束如表 3-5 所示。

表 3-5　MySQL 中常用的约束

约束	名称	作用
primary key	主键约束	该字段中的值不能为空，不能出现重复值，该字段会自动添加主键索引
auto_increment	自增长约束	该字段中的值为自增数字，默认从 1 开始，以 1 递增
null	空约束	该字段中的值可以为空
not null	非空约束	该字段中的值不能为空
unique	唯一约束	该字段中不能出现重复值
default	默认值约束	在向数据表中插入数据时，如果该字段中没有指定值，那么以默认值填充该字段

示例代码如下：

```
create table user
(
    id int          auto_increment   primary key,
    username        varchar(200)     not null unique,
    password        varchar(200)     not null,
    gold            int              default 100,
    dateandtime     timestamp        default current_timestamp
);
```

代码讲解：

```
create table user(...);
```

创建一个名称为 user 的数据表（user 表）。

user 表中包含 5 个字段，分别为 id、username、password、gold、dateandtime。

int：表示当前字段只能存储整数。

varchar(200)：表示当前字段最多可以存储 200 个字符。

timestamp：表示当前字段存储的是日期和时间。

auto_increment：表示当前字段是自增数字。

primary key：表示当前字段是主键。

not null：表示当前字段中的值不能为空。

unique：表示当前字段中不能出现重复值。

default 100：表示当前字段的默认值为 100。

default current_timestamp：表示当前字段的默认值是系统日期和时间。

上述示例代码的运行效果如图 3-21 所示。

图 3-21 创建 user 表

【知识链接】修改数据表的表结构

修改数据表的表结构包括修改表名、修改字段、添加字段、删除字段等，这些修改操作均可使用 alter 语句实现。

1. 修改表名

修改表名的语法格式如下：

```
alter table 旧表名 rename 新表名
```

示例代码如下：

```
alter table user rename manager;
```

代码讲解：

```
alter table user rename manager;
```

使用 alter 语句将 user 表的表名修改为 manager。

上述示例代码的运行效果如图 3-22 所示。

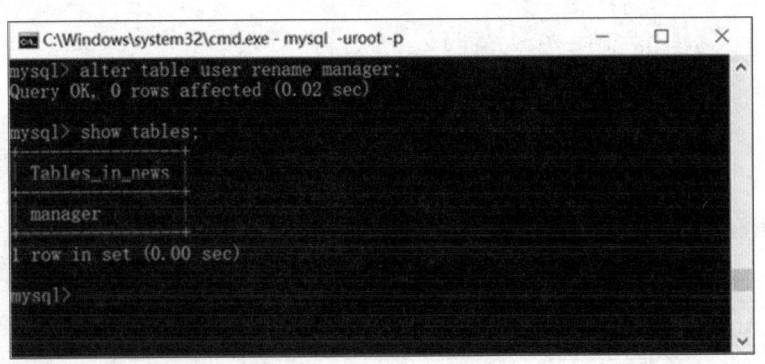

图 3-22 将 user 表的表名修改为 manager

2. 修改字段

修改字段的语法格式如下：

```
alter table 表名 change 旧字段名 新字段名 新数据类型 新约束；
```

示例代码如下：

```
alter table user change gold money float default 0;
```

代码讲解：

```
alter table user change gold money float default 0;
```

使用 alter 语句修改 user 表中的 gold 字段。

alter table user change gold：表示要修改 user 表中的 gold 字段。

money float default 0：将字段名修改为 money，将数据类型修改为 float，将约束修改为 default 0。

上述示例代码的运行效果如图 3-23 所示。

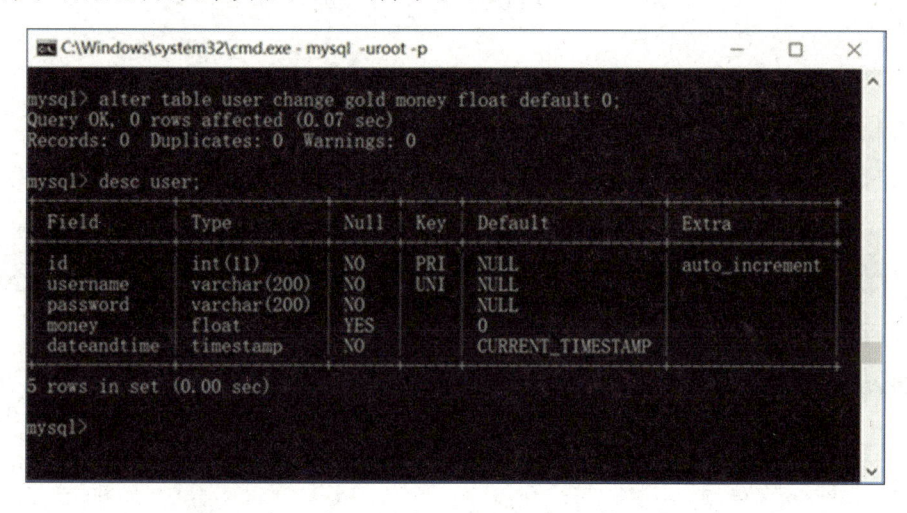

图 3-23　修改 user 表中的 gold 字段

3. 添加字段

添加字段的语法格式如下：

```
alter table 表名 add 字段名 数据类型 约束;
```

示例代码如下：

```
alter table user add mailBox varchar(100) not null;
```

代码讲解：

```
alter table user add mailBox varchar(100) not null;
```

使用 alter 语句向 user 表中添加新字段。

add：表示当前是添加新字段的操作。

mailBox：表示新字段名。

varchar(100)：表示新字段的数据类型。

not null：表示新字段的约束。

上述示例代码的运行效果如图 3-24 所示。

图 3-24　向 user 表中添加新字段

4. 删除字段

删除字段的语法格式如下：

```
alter table 表名 drop 字段名;
```

示例代码如下：

```
alter table user drop mailBox;
```

代码讲解：

```
alter table user drop mailBox;
```

使用 alter 语句删除 user 表中的 mailBox 字段。

drop：表示当前是删除字段的操作。

mailBox：表示要删除的字段名。

上述示例代码的运行效果如图 3-25 所示。

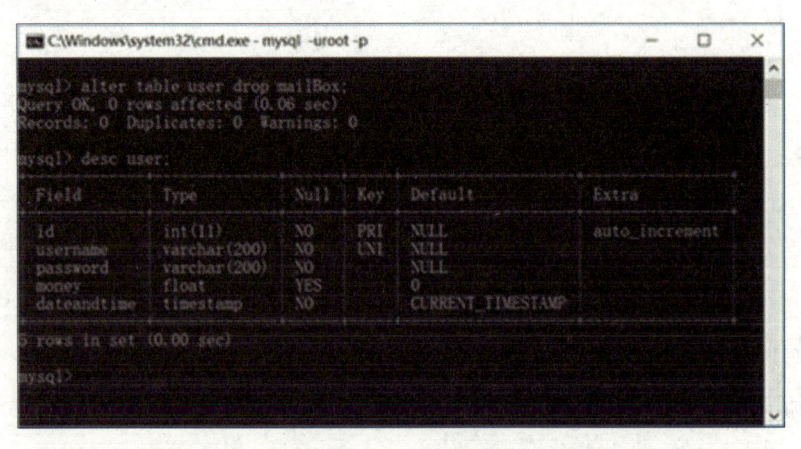

图 3-25　删除 user 表中的 mailBox 字段

【知识链接】删除数据表

在 MySQL 中，可以使用 drop 语句删除数据库中的数据表。

删除数据表的语法格式如下：

```
drop table 表名;
```

示例代码如下：

```
drop table user;
```

代码讲解：

```
drop table user;
```

使用 drop 语句删除当前数据库中名称为 user 的数据表（user 表）。

上述示例代码的运行效果如图 3-26 所示。

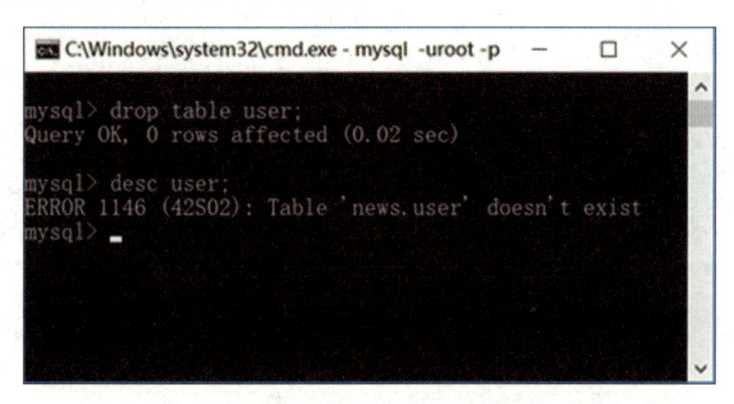

图 3-26　删除 user 表

创建一个 mysql.sql 文件，用于实现收菜游戏案例的数据库。mysql.sql 文件中的代码如下：

```
create table user
(
    id              int                 auto_increment primary key,
    username        varchar(200)        not null,
    password        varchar(200)        not null,
    gold            int                 default 100
);
create table crop
(
    id              int                 auto_increment primary key,
    name            varchar(200)        not null,
    pic             varchar(200)        null,
    price           varchar(200)        not null,
    growTime        int                 not null,
    gold            int                 not null
);
insert into crop(name,pic,price,growTime,gold)values('白菜','images/baicai.jpg',10,100,30);
insert into crop(name,pic,price,growTime,gold)values('胡萝卜','images/huluobo.jpg',20,200,60);
```

```sql
    insert into crop(name,pic,price,growTime,gold)values('西瓜','images/xigua.jpg',50,500,100);
    create table userCrop
    (
        id              int             auto_increment primary key,
        userId          int             not null,
        cropId          int             not null,
        growTime        int             not null,
        landId          int             not null
    );
    create table userProduct
    (
        id              int             auto_increment primary key,
        userId          int             not null,
        cropId          int             not null,
        num             int             default 0
    );
```

代码讲解：

1）user 表（用户表）。

```sql
    create table user
    (
        id          int             auto_increment primary key,
        username    varchar(200)    not null,
        password    varchar(200)    not null,
        gold        int             default 100
    );
```

id int auto_increment primary key：定义字段 id（用户编号），数据类型为整型，该字段为主键且自增。

username varchar(200) not null：定义字段 username（用户名），最多可以存储 200 个字符，并且不能为空。

password varchar(200) not null：定义字段 password（用户密码），最多可以存储 200 个字符，并且不能为空。

gold int default 100：定义字段 gold（金币数量），数据类型为整型，默认值为 100。

2）crop 表（农作物表）。

```sql
    create table crop
    (
        id          int             auto_increment primary key,
        name        varchar(200)    not null,
        pic         varchar(200)    null,
```

```
    price       varchar(200)    not null,
    growTime    int             not null,
    gold        int             not null
);
```

id int auto_increment primary key：定义字段 id（农作物编号），数据类型为整型，该字段为主键且自增。

name varchar(200) not null：定义字段 name（农作物名称），最多可以存储 200 个字符，并且不能为空。

pic varchar(200) null：定义字段 pic（农作物图片路径），最多可以存储 200 个字符，并且可以为空。

price varchar(200) not null：定义字段 price（农作物种植价格），最多可以存储 200 个字符，并且不能为空。

growTime int not null：定义字段 growTime（农作物成长所需的时间），数据类型为整型，并且不能为空。

gold int not null：定义字段 gold（农作物出售价格），数据类型为整型，并且不能为空。

3）userCrop 表（用户当前种植的农作物表）。

```
create table userCrop
(
    id          int     auto_increment primary key,
    userId      int     not null,
    cropId      int     not null,
    growTime    int     not null,
    landId      int     not null
);
```

id int auto_increment primary key：定义字段 id（农作物种植编号），数据类型为整型，该字段为主键且自增。

userId int not null：定义字段 userId（用户编号），数据类型为整型，并且不能为空。

cropId int not null：定义字段 cropId（农作物编号），数据类型为整型，并且不能为空。

growTime int not null：定义字段 growTime（农作物种植时间），数据类型为整型，并且不能为空。

landId int not null：定义字段 landId（田地编号），数据类型为整型，并且不能为空。

4）userProduct 表（用户仓库表）。

```
create table userProduct
(
    id          int         auto_increment primary key,
```

```
    userId      int                 not null,
    cropId      int                 not null,
    num         int                 default 0
);
```

id int auto_increment primary key：定义字段 id（存储编号），数据类型为整型，该字段为主键且自增。

userId int not null：定义字段 userId（用户编号），数据类型为整型，并且不能为空。

cropId int not null：定义字段 cropId（农作物编号），数据类型为整型，并且不能为空。

num int default 0：定义字段 num（存储数量），数据类型为整型，并且默认值为 0。

拓展练习

运用所学知识，完成以下拓展练习。

拓展 1：会员注册

会员注册的效果如图 3-27 所示。

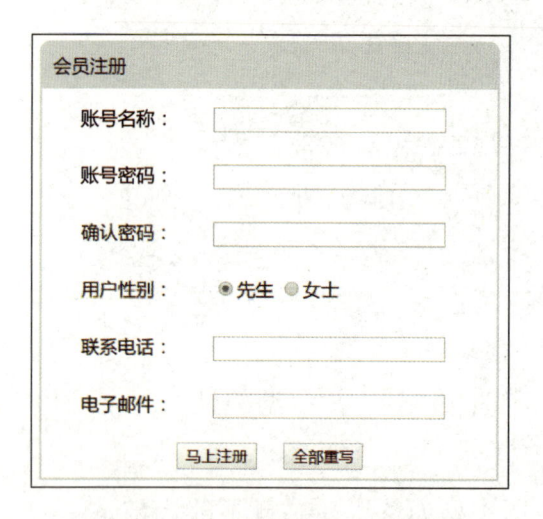

图 3-27　会员注册的效果

要求：

1. 创建 register.php 文件。

1）制作会员注册表单页面。

2）设置会员注册表单以 POST 请求方式提交数据。

3）设置会员注册表单的提交地址为 registerUser.php 文件。

2. 创建 registerUser.php 文件。

1）获取会员注册表单提交的数据。

2）使用 PDO 方式操作 MySQL 数据库。

3）执行 insert 语句，将会员注册表单提交的数据插入 userInfo 表，实现会员注册功能。

4）提示注册成功或失败的信息。

在线做题：

打开浏览器并输入指定地址，在线完成本道练习题。

实训链接：http://www.hxedu.com.cn/Resource/OS/AR/zz/zxy/202103636/13.html

实训码：099fe783

拓展 2：发表评论

发表评论的效果如图 3-28 所示。

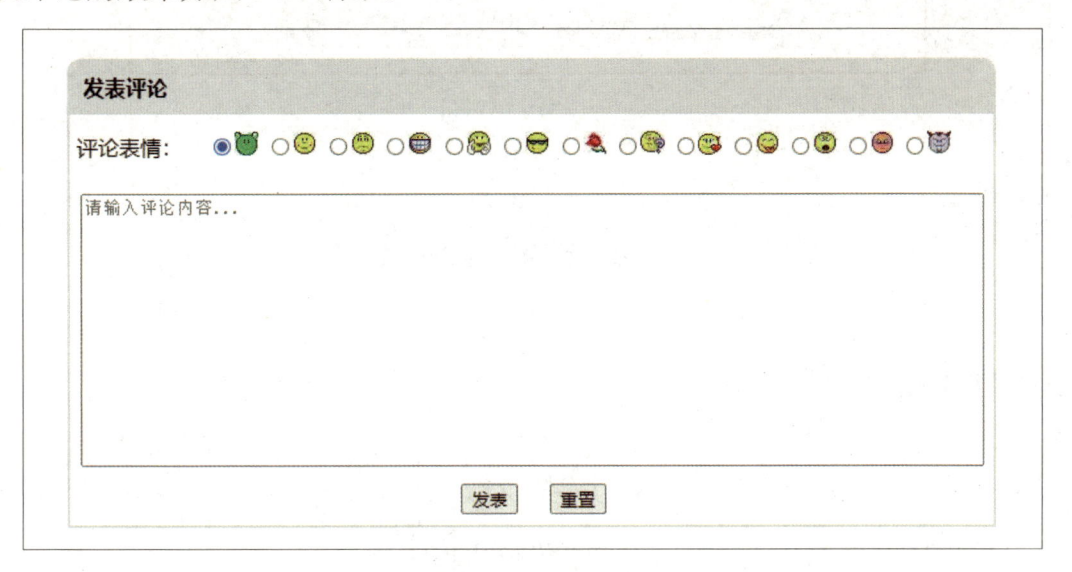

图 3-28　发表评论的效果

要求：

1. 创建 index.php 文件。

1）制作发表评论表单页面。

2）设置发表评论表单以 POST 请求方式提交数据。

3）设置发表评论表单的提交地址为 save.php 文件。

2. 创建 save.php 文件。

1）获取发表评论表单提交的数据。

2）使用 PDO 方式操作 MySQL 数据库。

3）执行 insert 语句，将发表评论表单提交的数据插入 reviews 表，实现发表评论功能。

4）提示发表评论成功或失败的信息。

在线做题：

打开浏览器并输入指定地址，在线完成本道练习题。

实训链接：http://www.hxedu.com.cn/Resource/OS/AR/zz/zxy/202103636/14.html

实训码：af9f989a

拓展 3：会员查询

会员查询的效果如图 3-29 所示。

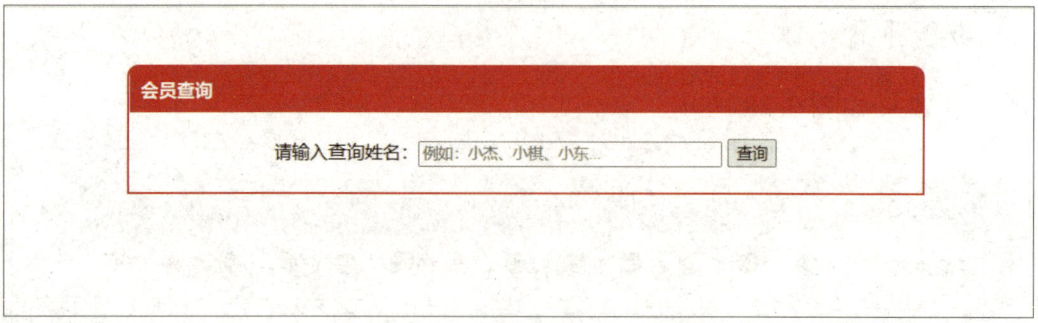

图 3-29　会员查询的效果

要求：

1. 创建 index.php 文件。

1）制作会员查询页面。

2）设置会员查询表单以 POST 请求方式提交数据。

3）设置会员查询表单的提交地址为 search.php 文件。

2. 创建 search.php 文件。

1）制作会员信息页面。

2）获取会员查询表单提交的用户名。

3）使用 PDO 方式连接 MySQL 数据库。

4）根据会员查询表单提交的用户名，查询 userInfo 表中该用户的信息。

5）在浏览器页面中显示查询到的用户信息。

6）如果未查询到用户信息，则提示"对不起，查无此人"。

在线做题：

打开浏览器并输入指定地址，在线完成本道练习题。

实训链接：http://www.hxedu.com.cn/Resource/OS/AR/zz/zxy/202103636/15.html

实训码：b34d4715

拓展 4：数据库命令操作

要求：

使用 MySQL 命令，完成如下数据库操作。

1. 查看数据库的编码信息，如图 3-30 所示。

2. 查看现存的所有数据库，如图 3-31 所示。

3. 查看当前数据库中的所有数据表，如图 3-32 所示。

4. 查看 userInfo 表的表结构，如图 3-33 所示。

图 3-30　数据库的编码信息

图 3-31　现存的所有数据库

图 3-32　当前数据库中的所有数据表

图 3-33　userInfo 表的表结构

5. 查询 userInfo 表中性别为男的所有记录，如图 3-34 所示。

在线做题：

打开浏览器并输入指定地址，在线完成本道练习题。

实训链接：http://www.hxedu.com.cn/Resource/OS/AR/zz/zxy/202103636/16.html

实训码：d8086e85

图 3-34　userInfo 表中性别为男的所有记录

拓展 5：新闻网站数据库

要求：

使用 MySQL 命令创建新闻网站数据库。

1. 创建管理员表，表名为 manager，表结构如图 3-35 所示。
2. 创建新闻分类表，表名为 newsTypes，表结构如下如图 3-36 所示。

图 3-35　管理员表的表结构

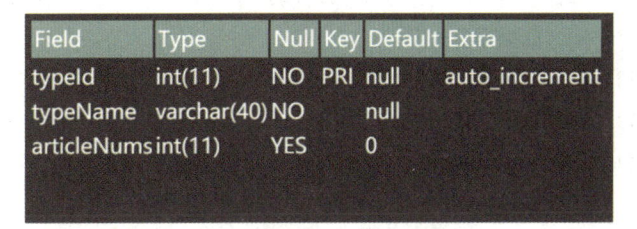

图 3-36　新闻分类表的表结构

3. 创建新闻表，表名为 newsArticles，表结构如图 3-37 所示。

4. 创建新闻评论表，表名为 reviews，表结构如图 3-38 所示。

在线做题：

打开浏览器并输入指定地址，在线完成本道练习题。

Field	Type	Null	Key	Default	Extra
articleId	int(11)	NO	PRI	null	auto_increment
content	text	NO		null	
title	varchar(500)	NO		null	
typeId	int(11)	NO		null	
userName	varchar(100)	NO		null	
writer	varchar(100)	YES		null	
source	varchar(400)	YES		null	
hints	int(11)	YES		0	
imagepath	varchar(100)	YES		null	
dateandtime	timestamp	YES		CURRENT_TIMESTAMP	DEFAULT_GENERATED

图 3-37　新闻表的表结构

Field	Type	Null	Key	Default	Extra
id	int(11)	NO	PRI	null	auto_increment
articleId	int(11)	NO		null	
userName	varchar(100)	NO		null	
body	varchar(1000)	NO		null	
face	varchar(20)	NO		null	
dateandtime	timestamp	YES		CURRENT_TIMESTAMP	DEFAULT_GENERATED

图 3-38　新闻评论表的表结构

实训链接：http://www.hxedu.com.cn/Resource/OS/AR/zz/zxy/202103636/17.html

实训码：e58184c9

测验评价

评价标准：

采分点	教师评分（0～5 分）	自评（0～5 分）	互评（0～5 分）
1. MySQL 数据插入 2. PHP 操作数据库 3. MySQL 数据查询 4. 使用 PDO 查询 MySQL 数据库中的数据 5. SQL 注入 6. PDO 预处理 7. 开启 Session 8. 使用 Session 9. 销毁 Session 10. 查看 MySQL 中的所有数据库 11. 使用数据库 12. 查看当前数据库中的所有数据表 13. 查看数据表的表结构 14. 查看数据库编码 15. 创建数据表 16. 修改数据表的表结构 17. 删除数据表			

模块 4

耕种

情景导入

将数据存储于 MySQL 数据库中，以及查询 MySQL 数据库中的数据并将其显示在页面中，都是网站开发中非常常见的案例功能模块。用户在耕种页面中通过 PHP 中的循环语句、自定义函数及 MySQL 查询语句等实现耕种功能，使用 JavaScript 定时器实现收获倒计时功能，如图 4-1 所示。

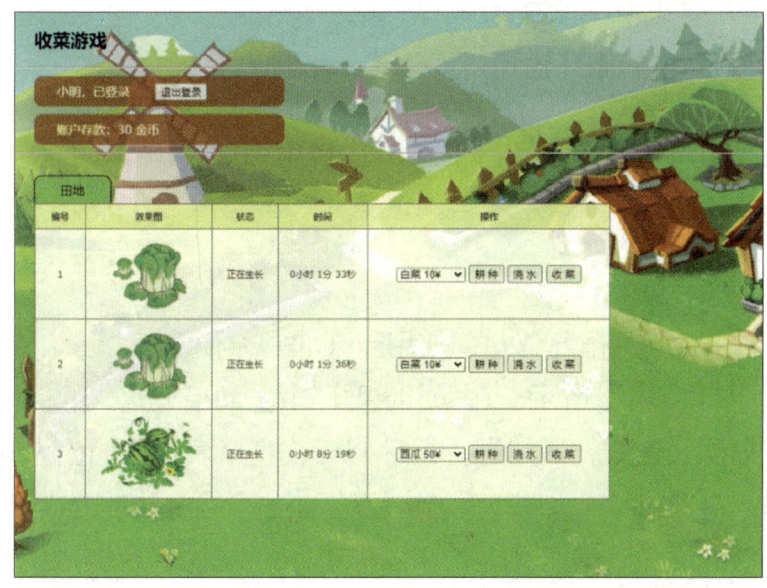

图 4-1　耕种功能

任务分析

实现收菜游戏的耕种功能,通常需要 6 个文件。index.php 文件主要用于制作会员登录表单页面。login.php 文件可以通过 PHP 的表单数据处理功能,获取会员登录表单提交的信息,并且对其进行验证,从而实现会员登录功能。在登录成功后,index.php 文件会显示收菜游戏的耕种页面。logout.php 文件主要用于实现会员退出登录功能。创建 mysql.php 文件,用于封装数据库函数。在 game.js 文件中,编写收菜游戏的 JavaScript AJAX 操作代码;gameServer.php 文件主要用于对 game.js 文件中的 JavaScript AJAX 操作进行 PHP 处理。

耕种功能在整体的实现上,可以划分为以下 3 个步骤。

(1)初始化耕种页面。

(2)耕种功能。

(3)收获倒计时。

任务实施

步骤 1:初始化耕种页面

初始化耕种页面是指查询可种植的所有农作物,然后在耕种页面中显示当前可种植的农作物。

【知识链接】PHP 中的循环语句

PHP 中的循环语句主要用于重复执行某个代码块。PHP 中的循环语句有 4 种,分别为 while、do-while、for、foreach。

1. while 语句

while 语句是 PHP 中的一种简单循环语句,使用起来非常方便。

while 循环的执行流程图如图 4-2 所示。在 while 循环中,如果表达式的值为真,则执行语句块,在执行完毕后,返回表达式,继续进行循环判断,直至表达式的值为假,即可跳出该循环。

while 语句的语法格式如下:

```
while(表达式){
    语句块;
}
```

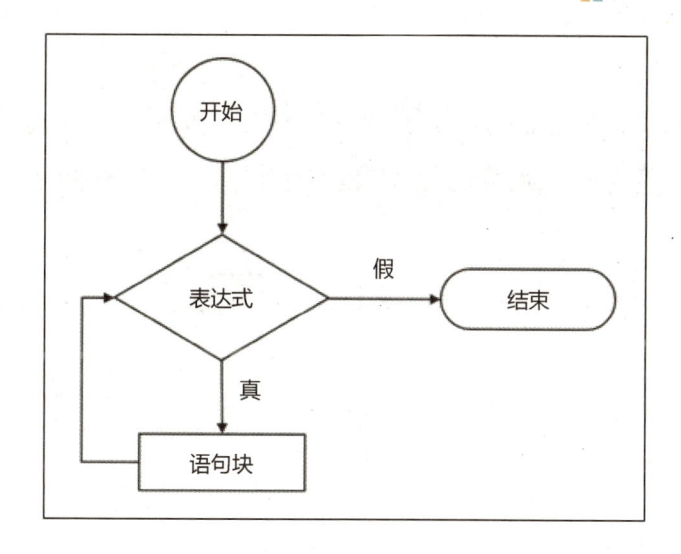

图 4-2　while 循环的执行流程图

示例代码如下：

```
<?php
header("content-type:text/html;charset=utf-8");
$i = 0;
while($i<=10){
    echo "{$i}<br/>";
    $i++;
}
```

代码讲解：

1）循环变量初始值。

```
$i = 0;
```

定义循环变量$i，并且将其初始值设置为 0。

注意：控制循环语句执行次数的变量称为循环变量。

2）循环执行的条件。

```
while($i<=10){...}
```

将$i<=10 作为循环执行的条件，如果该条件成立，那么重复执行 while 语句的{}中的代码（循环体）。

3）循环变量递增。

```
$i++;
```

while 循环每执行一次，$i 变量的值都会加 1，从而控制 while 循环的执行次数。

上述示例代码的运行效果如图 4-3 所示。

2. do-while 语句

do-while 语句的循环结构类似于 while 语句的循环结构，但 do-while 语句是在循环结构的底部对循环表达式进行判断的。

do-while 循环的执行流程图如图 4-4 所示。do-while 循环会先执行语句块，再对表达式进行判断，如果表达式的值为假，则跳出该循环。因此，do-while 循环的循环体至少会被执行一次。

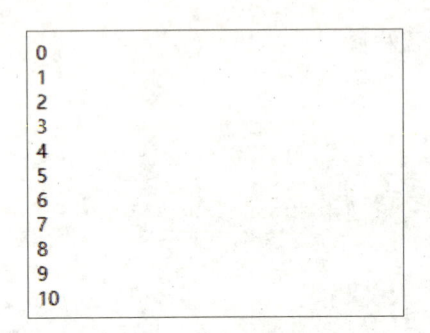

图 4-3 while 语句示例的运行效果 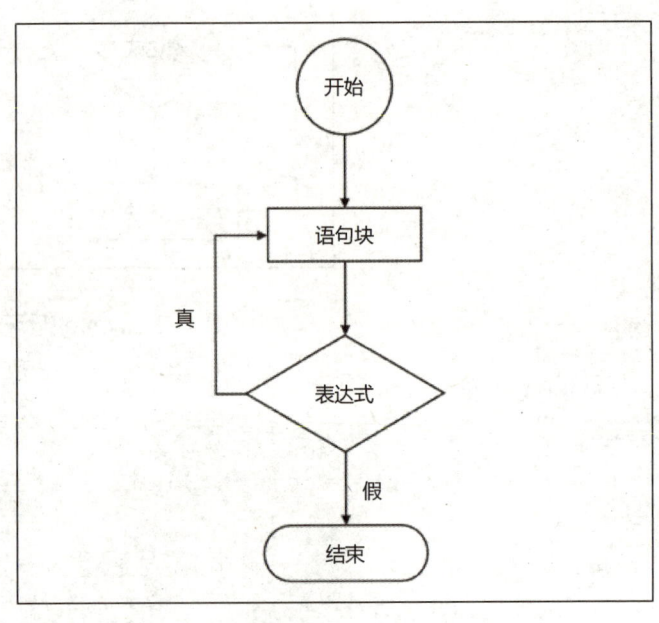　　　　图 4-4 do-while 循环的执行流程图

do-while 语句的语法格式如下：

```
do{
    语句块;
}while(表达式);
```

示例代码如下：

```
<?php
header("content-type:text/html;charset=utf-8");
$i = 0;
do{
    echo "{$i}<br/>";
    $i++;
}while($i<=5);
```

代码讲解：

1）循环变量初始值。

```
$i = 0;
```

定义循环变量$i，并且将其初始值设置为0。

2）循环执行的条件。

```
do{
```

```
...
}while($i<=5);
```

将$i<=5 作为循环执行的条件,如果该条件成立,那么重复执行 do-while 语句的{}中的代码(循环体)。

3)循环变量递增。

```
$i++;
```

do-while 循环每执行一次,$i 变量的值都会加 1,从而控制 do-while 循环的执行次数。上述示例代码的运行效果如图 4-5 所示。

3. for 语句

for 语句是 PHP 中较复杂的循环语句,通常用于执行指定次数的循环操作。

for 循环的执行流程图如图 4-6 所示。在 for 循环中,初值表达式主要用于控制循环变量的初始值;条件表达式是循环执行的条件,如果条件表达式为真,则继续执行循环体,否则跳出循环,并且结束循环;循环变量增值主要用于修改循环变量的值,通常使用递增或递减运算实现。

```
0
1
2
3
4
5
```

图 4-5　do-while 语句示例的运行效果　　　　图 4-6　for 循环的执行流程图

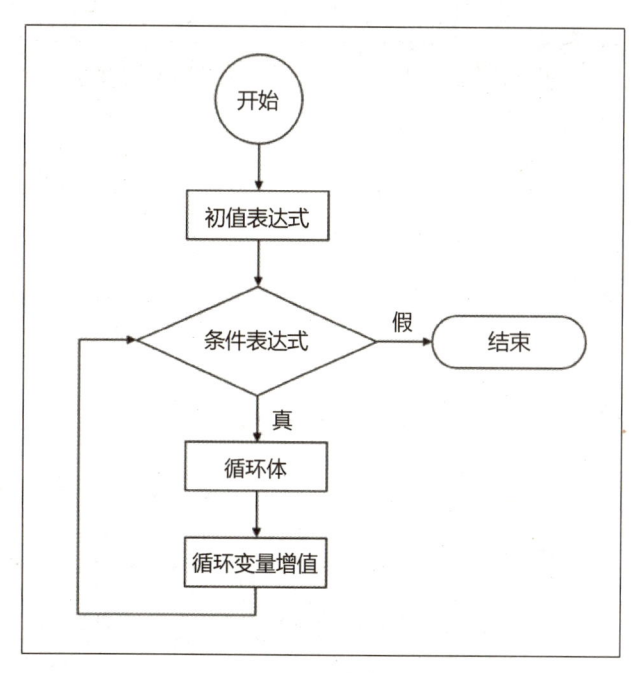

for 语句的语法格式如下:

```
for(初值表达式;条件表达式;循环变量增值){
    循环体;
}
```

示例代码如下:

```
<?php
```

```
header("content-type:text/html;charset=utf-8");
for($i=0;$i<10;$i++){
    echo "{$i}<br></10>";
}
```

代码讲解：

1）初值表达式。

`$i=0`

定义循环变量$i，并且将其初始值设置为0。

2）条件表达式。

`$i<10`

将$i<10作为循环执行的条件，如果该条件成立，那么重复执行for语句的{}中的代码（循环体）。

3）循环变量增值。

`$i++`

for循环每执行一次，$i变量的值都会加1，从而控制for循环的执行次数。

注意：for语句中的初值表达式、条件表达式、循环变量增值之间必须用英文分号分隔。

上述示例代码的运行效果如图4-7所示。

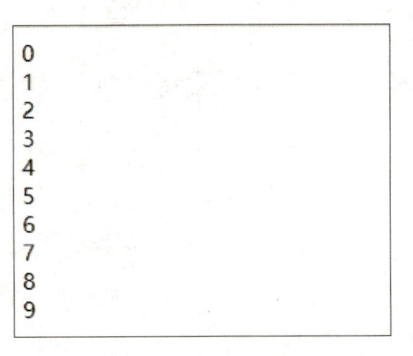

```
0
1
2
3
4
5
6
7
8
9
```

图 4-7　for 语句示例的运行效果

4. foreach 语句

foreach 语句仅适用于处理数组，能够实现遍历数组的功能。

foreach 语句的语法格式如下：

```
foreach(array as value){
    循环体;
}
```

或者

```
foreach(array as key=>value){
    循环体;
}
```

示例代码如下：

```php
<?php
header("content-type:text/html;charset=utf-8");
$userInfo = array("userName"=>"小东","sex"=>"男","age"=>16,"address"=>"山东省","star"=>"摩羯座");
foreach ($userInfo as $k=>$v){
    echo "{$k}: {$v}<br/>";
}
```

代码讲解：

```php
foreach ($userInfo as $k=>$v){
    echo "{$k}: {$v}<br/>";
}
```

使用 foreach 语句遍历 $userInfo 数组。

$userInfo：使用 foreach 语句遍历的数组。

$k：对应数组的下标。

$v：对应数组的值。

上述示例代码的运行效果如图 4-8 所示。

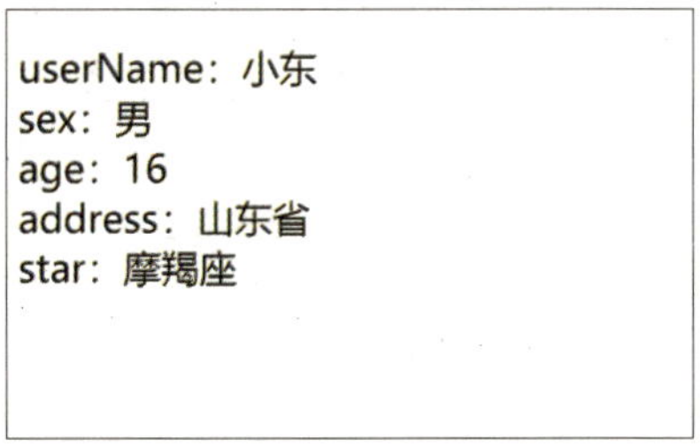

```
userName：小东
sex：男
age：16
address：山东省
star：摩羯座
```

图 4-8　foreach 语句示例的运行效果

【知识链接】break 语句

break 语句主要用于结束循环，通常在循环语句中执行。使用 break 语句不仅可以跳出当前循环，还能跳出指定层数的循环。

break 语句的语法格式如下：

```
break;
```

或者

```
break n;
```

下面来看第 1 个示例，使用 break 语句跳出一层循环，代码如下：

```php
<?php
header("content-type:text/html;charset=utf-8");
for($i=0;$i<4;$i++){
```

```
    for($j=0;$j<5;$j++){
        if($i == 2){
            break;
        }
        echo "i = {$i}; j = {$j}<br></5>";
    }
}
```

代码讲解：

```
if($i == 2){
    break;
}
```

当条件$i==2成立时，通过代码"break"跳出一层循环。

上述示例代码的运行效果如图4-9所示。

```
i = 0;j = 0
i = 0;j = 1
i = 0;j = 2
i = 0;j = 3
i = 0;j = 4
i = 1;j = 0
i = 1;j = 1
i = 1;j = 2
i = 1;j = 3
i = 1;j = 4
i = 3;j = 0
i = 3;j = 1
i = 3;j = 2
i = 3;j = 3
i = 3;j = 4
i = 4;j = 0
i = 4;j = 1
i = 4;j = 2
i = 4;j = 3
i = 4;j = 4
```

图4-9 使用break语句跳出一层循环示例的运行效果

下面来看第2个示例，使用break语句跳出两层循环，代码如下：

```
<?php
header("content-type:text/html;charset=utf-8");
for($i=0;$i<5;$i++){
    for($j=0;$j<5;$j++){
        if($i == 2){
            break 2;
        }
        echo "i = {$i}; j = {$j}<br></5>";
    }
}
```

代码讲解：

```
if($i == 2){
    break 2;
}
```

当条件$i==2 成立时，通过代码 "break 2" 跳出两层循环。

上述示例代码的运行效果如图 4-10 所示。

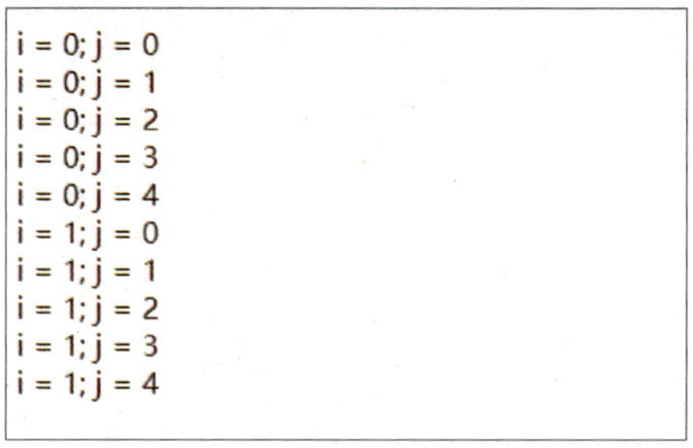

```
i = 0; j = 0
i = 0; j = 1
i = 0; j = 2
i = 0; j = 3
i = 0; j = 4
i = 1; j = 0
i = 1; j = 1
i = 1; j = 2
i = 1; j = 3
i = 1; j = 4
```

图 4-10　使用 break 语句跳出两层循环示例的运行效果

【知识链接】continue 语句

continue 语句主要用于跳出本次循环，进入下一次循环。使用 continue 语句也可以指定跳出几层循环。

continue 语句的语法格式如下：

```
continue;
```

或者

```
continue n;
```

示例代码如下：

```
<?php
header("content-type:text/html;charset=utf-8");
for($i=0;$i<5;$i++){
    if($i == 3){
        continue;
    }
    echo "{$i}<br></5>";
}
echo "<br><br><br>";

for($i=0;$i<5;$i++){
    for($a=0;$a<3;$a++){
        if($i == 3){
            continue 2;
```

```
        }
        echo "{$i}--{$a}<br>";
    }
}
```

代码讲解：

1）跳出本次循环，进入下一次循环。

```
if($i == 3){
    continue;
}
```

当条件$i==3成立时，通过代码"continue"跳出本次循环，进入下一次循环。

2）跳出两层循环。

```
if($i == 3){
    continue 2;
}
```

当条件$i==3成立时，通过代码"continue 2"跳出两层循环，进入下一次循环。

上述示例代码的运行效果如图 4-11 所示。

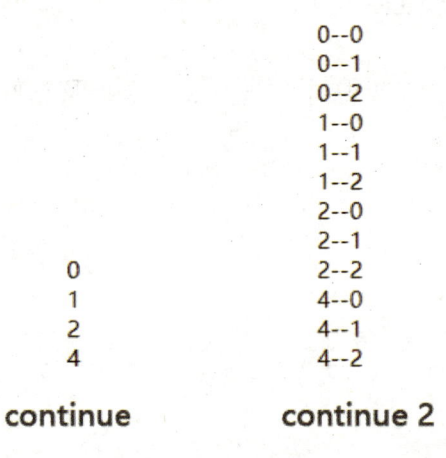

```
              0--0
              0--1
              0--2
              1--0
              1--1
              1--2
              2--0
              2--1
      0       2--2
      1       4--0
      2       4--1
      4       4--2

   continue        continue 2
```

图 4-11 continue 语句示例的运行效果

【知识链接】PHP 中的自定义函数

函数主要用于将一些多次使用的功能封装在一个独立的代码块中，在需要时可以单独调用。

1. 函数的定义和调用

定义函数的语法格式如下：

```
function 函数名(参数1,参数2,...) {
    函数主体;
```

```
    [return 返回值;]
}
```

在定义函数后,使用函数名,传递正确的参数,即可实现函数的调用。

示例代码如下:

```
<?php
header("content-type:text/html;charset=utf-8");
function sum($a,$b){
    return $a + $b;
}
$result = sum(10,20);
echo $result;
```

代码讲解:

1)定义函数。

```
function sum($a,$b){
    return $a + $b;
}
```

定义 sum()函数,用于计算任意两数之和。

function:表示当前操作是定义函数操作。

sum:表示函数的名称。

$a:表示函数的第 1 个参数。

$b:表示函数的第 2 个参数。

左花括号 {:表示函数主体的开始。

右花括号 }:表示函数主体的结束。

return:表示函数有返回值。

$a+$b:表示函数返回的结果。

2)调用函数。

```
$result = sum(10,20);
```

使用 sum()函数名调用 sum()函数,使用$result 变量接收 sum()函数的返回结果。

sum(10,20):调用 sum()函数,将 10 和 20 作为函数的参数值分别传递给参数$a 和$b。

$result:用于接收 sum()函数返回的结果。

上述示例代码的运行效果如图 4-12 所示。

30

图 4-12 函数的定义和调用示例的运行效果

2. 参数的默认值

在 PHP 中定义函数时,可以指定参数的默认值。

指定参数默认值的语法格式如下:

```
function 函数名(参数1=默认值, 参数2=默认值,...) {
    函数主体;
    [return 返回值;]
}
```

示例代码如下:

```php
<?php
header("content-type:text/html;charset=utf-8");
function sum($a,$b=5){
    return $a + $b;
}
$result = sum(10,20);
echo "sum(10,20)结果: {$result}<br/><br/>";
$result = sum(50);
echo "sum(50)结果: {$result}<br/><br/>";
```

代码讲解:

1)设置参数默认值。

```php
function sum($a,$b=5){
    return $a + $b;
}
```

定义 sum() 函数,并且指定参数的默认值。

$a:sum() 函数的第 1 个参数。该参数没有默认值,所以在调用 sum() 函数时,该参数必须传值。

$b:sum() 函数的第 2 个参数。该参数的默认值为 5,所以在调用 sum() 函数时,如果该参数没有传值,那么该参数值默认为 5。

2)调用函数。

```php
$result = sum(10,20);
```

调用 sum() 函数,同时传递两个参数值。最终返回的结果为 30。

```php
$result = sum(50);
```

调用 sum() 函数,只传递了一个参数值,即参数$a 的值,参数$b 会采用默认值。最终返回的结果为 55。

上述示例代码的运行效果如图 4-13 所示。

```
sum(10,20)结果：30

sum(50)结果：55
```

图 4-13　参数的默认值示例的运行效果

3. 参数的传递方式

在 PHP 中，参数的传递方式有以下两种。

- 值传递：将实参的值传递给形参，操作结果不会影响实参。
- 引用传递：将实参的内存地址传递给形参，操作结果会影响实参。

💡 **注意：**

实参：在调用函数时传入的参数。

形参：在定义函数时，在括号中定义的参数。

在前面的示例中，调用函数的参数传递方式都是值传递。下面我们来看一个引用传递的示例，代码如下：

```php
<?php
header("content-type:text/html;charset=utf-8");
function fun(&$value){
    $value = 100;
}
$a = 3;
fun($a);
echo "a = {$a}";
```

代码讲解：

1）引用传递。

```php
function fun(&$value){
    $value = 100;
}
```

定义 fun() 函数，并且通过引用传递的方式传递参数，接收一个 $value 参数。

&$value：表示当前的 $value 参数采用的是引用传递的参数传递方式。

2）调用函数。

```php
fun($a);
```

调用 fun() 函数，并且将实参 $a 的内存地址传递给形参 $value。

💡 **注意：** 变量 $a 和 $value 指向同一个内存地址。

上述示例代码的运行效果如图 4-14 所示。

```
a = 100
```

图 4-14 引用传递示例的运行效果

4. 可变函数

可变函数又称为变量函数，通过在变量后面加上一对圆括号，PHP 可以自动寻找与该变量值相同的函数，并且执行该函数。

示例代码如下：

```
<?php
header("content-type:text/html;charset=utf-8");
function fun(){
    echo "fun函数被调用";
}
$a = "fun";
$a();
```

代码讲解：

1）定义变量。

```
$a = "fun";
```

定义变量$a 并给其赋值，变量名为 a，变量值为 fun。

2）通过变量调用函数。

```
$a();
```

通过$a 变量调用 fun()函数，该条代码等价于 fun()。

上述示例代码的运行效果如图 4-15 所示。

```
fun函数被调用
```

图 4-15 可变函数示例的运行效果

【知识链接】包含文件

包含文件主要用于在当前程序中导入其他文件中的代码。在 PHP 中，包含文件的方式一共有 4 种。

包含文件的第 1 种语法格式如下：

```
include '被包含文件的路径';
```

说明：包含并运行指定文件，如果被包含的文件不存在，则产生一个警告。

包含文件的第 2 种语法格式如下：

```
require '被包含文件的路径';
```

📢 **说明**：包含并运行指定文件，如果被包含的文件不存在，则产生一个致命的错误。

包含文件的第 3 种语法格式如下：

```
include_once '被包含文件的路径';
```

📢 **说明**：与 include 语句的功能类似，区别在于，如果该文件已经被包含过，则不会再次包含。

包含文件的第 4 种语法格式如下：

```
require_once '被包含文件的路径';
```

📢 **说明**：与 require 语句的功能类似，区别在于，如果该文件已经被包含过，则不会再次包含。

创建 constants.php 文件，该文件中的代码如下：

```
<?php
$contact = "北京市东城区    联系电话：010-0000000    联系人：张老师";
$introduce = "希望 PHP 发展越来越好！";
```

创建 index.php 文件，在 index.php 文件中导入 constants.php 文件，代码如下：

```
<?php
header("content-type:text/html;charset=utf-8");
include_once 'constants.php';
echo "加入我们！{$contact}";
```

代码讲解：

```
include_once 'constants.php';
```

通过 include_once 语句将当前目录下的 constants.php 文件包含到当前程序中。

下面创建一个 mysql.php 文件，编写数据库封装函数，包含查询多条记录的函数 queryAll()、查询一条记录的函数 queryOne()、执行 MySQL 中 insert、update、delete 语句的函数 execute()，代码如下：

```
<?php
function queryAll($sql){
    $url = "mysql:host=主机地址;dbname=库名";
    $user = "用户名";
    $pwd = "密码";
    $conn = new PDO($url,$user,$pwd);
    $st = $conn->query($sql);
    $rs = $st->fetchAll();
    return $rs;
```

```php
}
function queryOne($sql){
    $url = "mysql:host=主机地址;dbname=库名";
    $user = "用户名";
    $pwd = "密码";
    $conn = new PDO($url,$user,$pwd);
    $st = $conn->query($sql);
    $rs = $st->fetch();
    return $rs;
}
function execute($sql){
    $url = "mysql:host=主机地址;dbname=库名";
    $user = "用户名";
    $pwd = "密码";
    $conn = new PDO($url,$user,$pwd);
    $result = $conn->exec($sql);
    return $result;
}
```

代码讲解：

1）查询多条记录。

```php
function queryAll($sql){
    $url = "mysql:host=主机地址;dbname=库名";
    $user = "用户名";
    $pwd = "密码";
    $conn = new PDO($url,$user,$pwd);
    $st = $conn->query($sql);
    $rs = $st->fetchAll();
    return $rs;
}
```

function queryAll($sql)：定义 queryAll()函数。

$conn = new PDO($url,$user,$pwd)：连接数据库。

$st = $conn->query($sql)：执行 MySQL 语句。

$rs = $st->fetchAll()：获取查询结果集中的所有记录。

return $rs：返回数据。

2）查询一条记录。

```php
function queryOne($sql){
    $url = "mysql:host=主机地址;dbname=库名";
    $user = "用户名";
    $pwd = "密码";
```

```
    $conn = new PDO($url,$user,$pwd);
    $st = $conn->query($sql);
    $rs = $st->fetch();
    return $rs;
}
```

function queryOne($sql)：定义 queryOne()函数。

$conn = new PDO($url,$user,$pwd)：连接数据库。

$st = $conn->query($sql)：执行 MySQL 语句。

$rs = $st-> fetch()：获取查询结果集中的一条记录。

return $rs：返回数据。

3）执行 insert、update、delete 语句。

```
function execute($sql){
    $url = "mysql:host=主机地址;dbname=库名";
    $user = "用户名";
    $pwd = "密码";
    $conn = new PDO($url,$user,$pwd);
    $result = $conn->exec($sql);
    return $result;
}
```

function execute($sql)：定义 execute()函数。

$conn = new PDO($url,$user,$pwd)：连接数据库。

$result = $conn->exec($sql)：执行 MySQL 语句。

return $result：返回数据。

步骤 2：耕种功能

耕种功能是指在耕种页面选择一种可种植的农作物，单击"耕种"按钮，可以将其效果图显示在左侧的相应位置，并且显示为"正在生长"状态。耕种页面如图 4-16 所示。

图 4-16　耕种页面

【知识链接】MySQL 修改记录

在 MySQL 中，可以使用 update 语句修改数据表中的记录。

update 语句的语法格式如下：

```
update 表名 set 字段名=新值，字段名=新值，... where 条件;
```

示例代码如下：

```
update user set password='123',gold=200 where id=2;
```

代码讲解：

```
update user set password='123',gold=200 where id=2;
```

修改 user 表中 id 字段值为 2 的记录。

update user：表示要修改 user 表中的记录。

set：用于指定要修改哪些字段。

password='123'：表示将 password 字段的值修改为'123'。

gold=200：表示将 gold 字段的值修改为 200。

where：用于指定修改记录的条件，也就是要修改哪些记录。

id=2：修改语句的条件，也就是修改 id 字段值为 2 的记录。

上述示例代码的运行效果如图 4-17 所示。

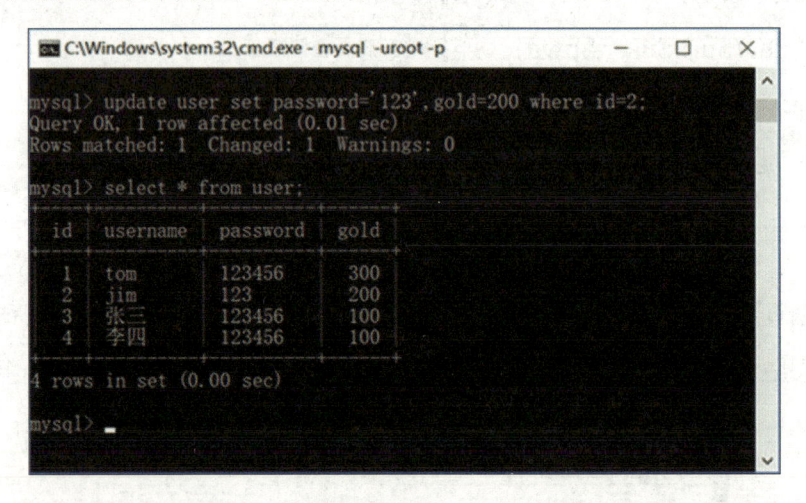

图 4-17 update 语句示例的运行效果

【知识链接】MySQL 中的聚合查询

聚合查询又称为统计查询，主要用于实现一些汇总操作，如统计总数、平均数、最大值、最小值等。

1. MySQL 中的聚合查询函数

MySQL 中常用的聚合查询函数如下。

count(*)：返回查询的记录总数。

sum(字段名)：返回指定字段值的总和。

avg(字段名)：返回指定字段值的平均值。

max(字段名)：返回指定字段中的最大值。

min(字段名)：返回指定字段中的最小值。

聚合查询函数的语法格式如下：

```
select 聚合函数(字段),聚合函数(字段),... from 表名 where 条件;
```

示例代码如下：

```
select count(*),sum(gold),avg(gold),max(gold),min(gold) from user;
```

代码讲解：

```
select count(*),sum(gold),avg(gold),max(gold),min(gold) from user;
```

使用 MySQL 中的聚合查询函数查询 user 表中的统计信息。

count(*)：返回 user 表中的记录总数。

sum(gold)：返回 user 表中 gold 字段值的总和。

avg(gold)：返回 user 表中 gold 字段值的平均值。

max(gold)：返回 user 表中 gold 字段中的最大值。

min(gold)：返回 user 表中 gold 字段中的最小值。

上述示例代码的运行效果如图 4-18 所示。

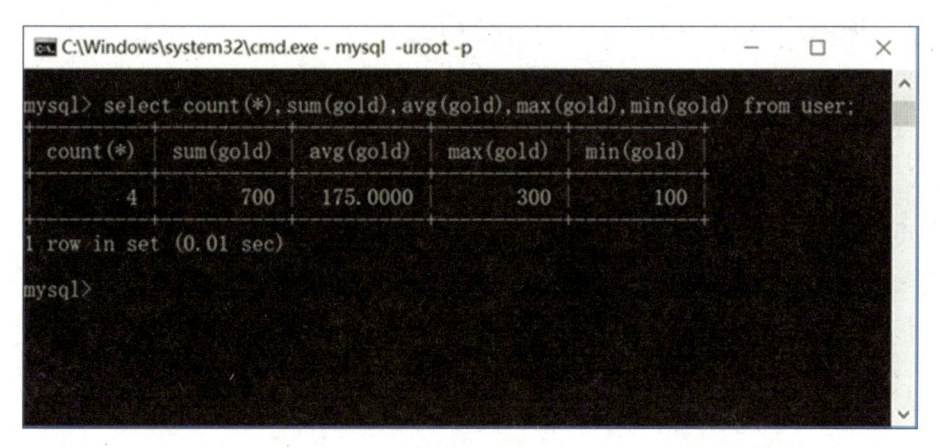

图 4-18　聚合查询函数示例的运行效果

2. as 关键字

在 MySQL 中，可以使用 as 关键字给查询的字段起一个别名。

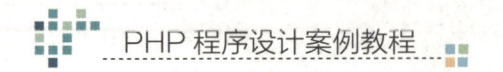

as 关键字的语法格式如下：

```
select 字段 as 别名 from 表名;
```

在给字段起别名时，as 关键字可以省略。

示例代码如下：

```
select count(*) as totalRow from user;
```

代码讲解：

```
select count(*) as totalRow from user;
```

使用 as 关键字给 count(*)字段起一个别名。

count(*)：执行的聚合查询函数，返回 user 表中的记录总数。

as totalRow：给 count(*)字段起一个别名，名称为 totalRow。

上述示例代码的运行效果如图 4-19 所示。

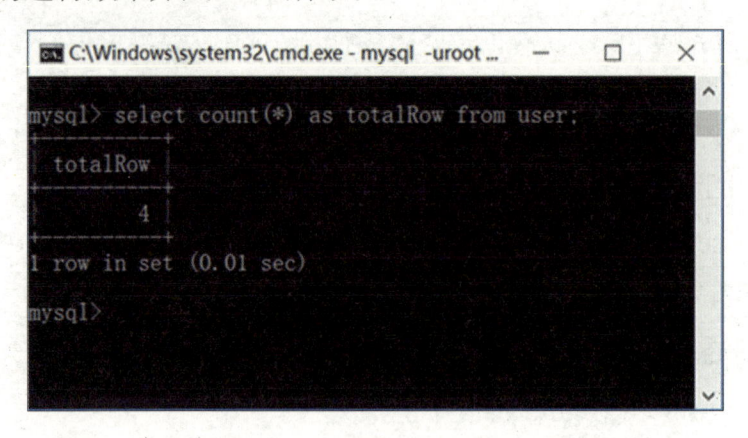

图 4-19　as 关键字示例的运行效果

【知识链接】MySQL 中的内连接查询

MySQL 中的内连接查询是指通过一个查询语句同时查询多个数据表中的数据，并且将查询出来的所有数据放到一个统一的结果集中显示。

内连接查询的语法格式如下：

```
select * from 表1 inner join 表2 on 两个数据表中的关联字段相等;
```

有两个数据表，user 表为用户表，其表结构如表 4-1 所示；userCrop 表为用户当前种植的农作物表，其表结构如表 4-2 所示。

表 4-1　user 表的表结构

字　段　名	数据类型	约　　束	说　　明
id	int	auto_increment、primary key	用户编号
username	varchar(200)	not null	用户名

续表

字 段 名	数 据 类 型	约　　束	说　　明
password	varchar(200)	not null	用户密码
gold	int	default 100	金币数量

表 4-2　userCrop 表的表结构

字 段 名	数 据 类 型	约　　束	说　　明
id	int	auto_increment、primary key	农作物种植编号
userId	int	not null	用户编号，关联到 user 表的 id 字段
cropId	int	not null	农作物编号
growTime	int	not null	农作物种植时间
landId	int	not null	田地编号

查询 userCrop 表中的所有记录，同时查询并显示农作物对应的用户信息。

示例代码如下：

```
select * from userCrop a inner join user b on a.userId=b.id;
```

代码讲解：

```
select * from userCrop a inner join user b on a.userId=b.id;
```

使用 MySQL 中的内连接查询操作同时查询 userCrop 表和 user 表中的数据。

select * from userCrop a：查询 userCrop 表中的数据。a 是给 userCrop 表起的别名。

inner join：表示当前是内连接查询操作。

inner join user b：通过内连接查询操作查询 user 表中的数据。b 是给 user 表起的别名。

on a.userId=b.id：用于设置内连接查询的条件，此处设置的内连接查询条件为两个数据表中的关联字段相等。

上述示例代码的运行效果如图 4-20 所示。

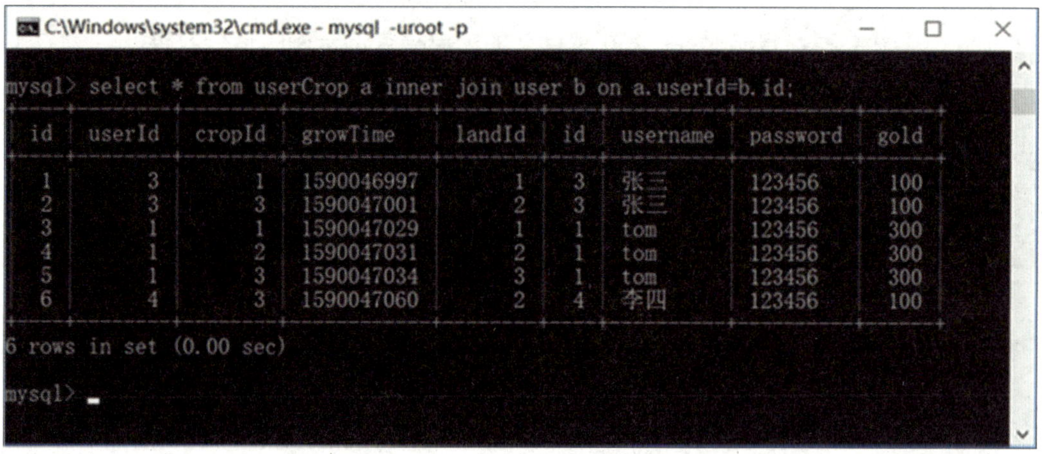

图 4-20　内连接查询示例的运行效果

在 MySQL 中的内连接查询语句中，可以省略 inner join 关键字。

省略 inner join 关键字的内连接查询语法格式如下：

```
select * from 表1 , 表2 where 两个数据表中的关联字段相等;
```

示例代码如下：

```
select * from userCrop a,user b where a.userId=b.id;
```

代码讲解：

```
select * from userCrop a,user b where a.userId=b.id;
```

通过省略 inner join 关键字的内连接查询操作同时查询 userCrop、user 表中的数据。

a：给 userCrop 表起的别名。

b：给 user 表起的别名。

where a.userId=b.id：用于设置内连接查询的条件，此处设置的内连接查询条件为两个数据表中的关联字段相等。

上述示例代码的运行效果如图 4-21 所示。

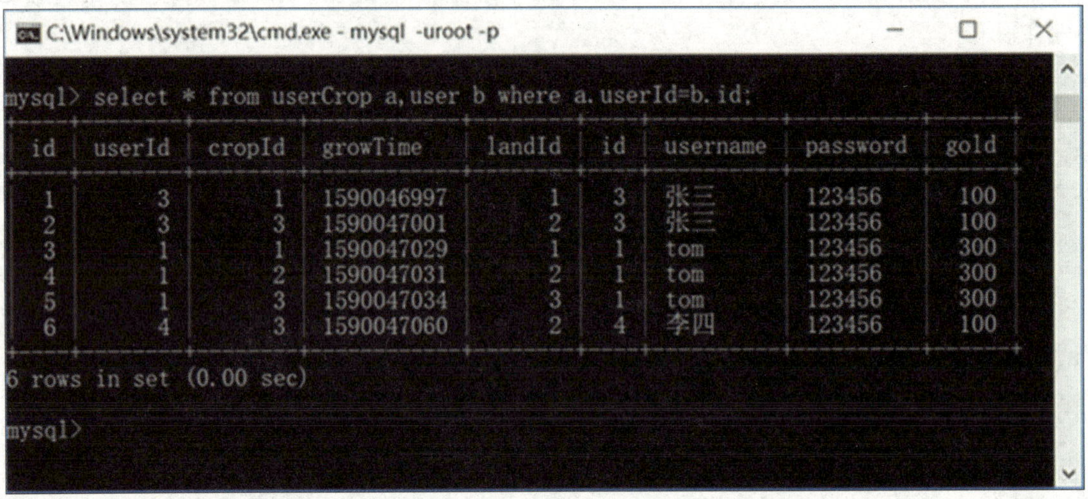

图 4-21　省略 inner join 关键字的内连接查询示例的运行效果

【知识链接】MySQL 中的排序查询

在 MySQL 中，在使用 select 语句查询数据时，可以使用 order by 子句进行排序。

排序查询的语法格式如下：

```
select * from 表名 order by 字段名 asc;      #升序排序（默认）
```

或者

```
select * from 表名 order by 字段名 desc;     #降序排序
```

crop 表为农作物表，其表结构如表 4-3 所示。

表 4-3 crop 表的表结构

字 段 名	数 据 类 型	约　　束	说　　明
id	int	auto_increment、primary key	农作物编号
name	varchar(200)	not null	农作物名称
pic	varchar(200)	null	农作物图片路径
price	varchar(200)	not null	农作物种植价格
growTime	int	not null	农作物成长所需的时间
gold	int	not null	农作物出售价格

示例代码如下：

select * from crop order by id desc;

代码讲解：

select * from crop order by id desc;

查询 crop 表中的所有记录，并且按照 id 字段进行降序排序。

order by：用于指定按照哪个字段进行排序。

id：表示按照 id 字段进行排序。

desc：表示要进行降序排序。

上述示例代码的运行效果如图 4-22 所示。

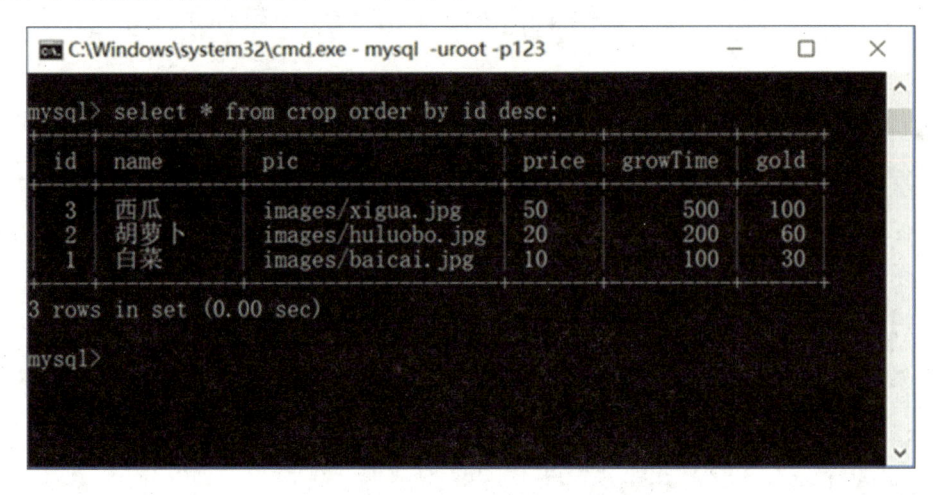

图 4-22 排序查询示例的运行效果

【知识链接】PHP 中的 JSON 函数

1. json_encode()函数

PHP 中的 json_encode()函数主要用于对变量进行 JSON 编码，如果编码成功，则返回 JSON 格式的字符串，否则返回 false。

json_encode()函数的语法格式如下：

```
string  json_encode( $value )
```

示例代码如下：

```php
<?php
header("content-type:text/html;charset=utf-8");
$userInfo = array("userName"=>"小东","sex"=>"男","age"=>16,"address"=>"山东省","star"=>"摩羯座");
$json = json_encode($userInfo);
echo $json;
```

代码讲解：

```
$json = json_encode($userInfo);
```

使用json_encode()函数将关联数组$userInfo转换为JSON格式的字符串。

上述示例代码的运行效果如图4-23所示。

```
{"userName":"\u5c0f\u4e1c","sex":"\u7537","age":16,"address":"\u5c71\u4e1c\u7701","star":"\u6469\u7faf\u5ea7"}
```

图4-23　json_encode()函数示例的运行效果

2. json_decode()函数

PHP中的json_decode()函数主要用于对JSON格式的字符串进行解码，并且将其转换为变量。

json_decode()函数的语法格式如下：

```
mixed  json_decode( $json_string [ , $assoc=false ] )
```

参数$assoc的默认值为false。如果参数$assoc的值为true，那么json_decode()函数会返回数组；如果参数$assoc的值为false，那么json_decode()函数会返回对象。

示例代码如下：

```php
<?php
header("content-type:text/html;charset=utf-8");
$json = '{"a":1,"b":2,"c":3,"d":4,"e":5}';
$obj = json_decode($json);
$arr = json_decode($json,true);
print_r($obj);
echo "<br/><br/>";
print_r($arr);
```

代码讲解：

1）定义JSON格式的字符串。

```
$json = '{"a":1,"b":2,"c":3,"d":4,"e":5}';
```

2）JSON 解码为对象。

```
$obj = json_decode($json);
```

使用 json_decode()函数将 JSON 格式的字符串解码为对象。

3）JSON 解码为数组。

```
$arr = json_decode($json,true);
```

使用 json_decode()函数将 JSON 格式的字符串解码为数组。

上述示例代码的运行效果如图 4-24 所示。

```
stdClass Object ( [a] => 1 [b] => 2 [c] => 3 [d] => 4 [e] => 5 )
Array ( [a] => 1 [b] => 2 [c] => 3 [d] => 4 [e] => 5 )
```

图 4-24　json_decode()函数示例的运行效果

在 js 文件夹中创建一个 game.js 文件，编写耕种、浇水、收菜函数 changeCrop()和获取当前田地状态函数 getLandState()，代码如下：

```javascript
//记录用户在田地中种植的农作物信息
var landState = "";
//该函数主要用于实现耕种、浇水、收菜的功能
//第 1 个参数表示田地编号，第 2 个参数表示当前操作的状态编码
function changeCrop(landId,command){
    var param = {};
    param["command"] = command;
    param["landId"] = landId;
    param["cropId"] = $("#cropId"+landId).val();
    $.ajax({
        type:"post",
        url:"gameServer.php",
        data:param,
        dataType:"json",
        success:function(data){
            if(command == "2001"){
                //耕种
                if(data["result"] > 0){
                    //操作成功
                    $("#userGold").html(data["price"]);//更新当前用户的存款余额
                    getLandState();                    //更新田地状态
                }
                else if(data["result"] == -1){
                    alert("当前田地中有农作物正在生长，还不能种植其他农作物！");
                }
```

```
            else if(data["result"] == -2){
                alert("您金钱的数量，不够种植该农作物！");
            }
        }
    }
});
}
//获取当前的田地状态
function getLandState(){
    var param = {};
    param["command"] = "5001";
    $.ajax({
        type:"post",
        url:"gameServer.php",
        data:param,
        dataType:"json",
        success:function(data){
            landState = data;//当前田地中种植的农作物信息
            for(var i=0;i<3;i++){
                var t = data[0][i];
                if(t == "无"){
                    //当前田地中没有农作物
                    $("#landTime"+(i+1)).html("");
                    $("#landMsg"+(i+1)).html("未耕种");
                }
                else{
                    //当前田地中有农作物
                    //将剩余的收获时间换算成时、分、秒
                    var second = t % 60;
                    var minute = Math.floor(t/60);
                    var hour = Math.floor(minute/60);
                    minute = minute>=60?minute%60:minute;
                    //判断农作物是否可以收获
                    if(t <= 0){
                        //农作物已成熟
                        $("#landTime"+(i+1)).html("0");
                        $("#landMsg"+(i+1)).html("已成熟");
                    }
                    else{
                        //农作物未成熟
                        $("#landTime"+(i+1)).html(hour+"小时 "+minute+"分" +second+"秒");
```

```
                    $("#landMsg"+(i+1)).html("正在生长");
                }
            }
            //设置当前田地显示的图片
            $("#landPic"+(i+1)).html("<img width='131' height='98' src='"+data[1][i]+"' />");
        }
    }
    });
}
//在页面加载后执行
$(document).ready(function(){
    getLandState();
    changeTime();
});
```

代码讲解：

1）记录用户在田地中种植的农作物信息。

```
var landState = "";
```

2）耕种、浇水、收菜函数。

```
//该函数主要用于实现耕种、浇水、收菜的功能
//第1个参数表示田地编号，第2个参数表示当前操作的状态编码
function changeCrop(landId,command)
...
if(command == "2001"){
    if(data["result"] > 0){
        $("#userGold").html(data["price"]);    //更新当前用户的存款余额
        getLandState();                          //更新田地状态
    }
    else if(data["result"] == -1){
        alert("当前田地中有农作物正在生长，还不能种植其他农作物！");
    }
    else if(data["result"] == -2){
        alert("您金钱的数量，不够种植该农作物！");
    }
}
```

if(command == "2001")：判断当前操作的状态编码是否为"2001"，状态编码"2001"代表当前操作为耕种操作。

if(data["result"] > 0)：判断耕种操作是否成功，如果返回数据 result 的值大于 0，则表示耕种操作成功。

$("#userGold").html(data["price"])：更新当前用户的存款余额。

getLandState()：更新田地状态。

else if(data["result"] == -1)：判断是否有农作物正在生长。

else if(data["result"] == -2)：判断金钱数量是否不够种植作物。

3）获取当前的田地状态。

```
function getLandState()
...
landState = data;//当前田地中种植的农作物信息
for(var i=0;i<3;i++){
    var t = data[0][i];
    if(t == "无"){
        $("#landTime"+(i+1)).html("");
        $("#landMsg"+(i+1)).html("未耕种");
    }
    else{
        var second = t % 60;
        var minute = Math.floor(t/60);
        var hour = Math.floor(minute/60);
        minute = minute>=60?minute%60:minute;
        if(t <= 0){
            $("#landTime"+(i+1)).html("0");
            $("#landMsg"+(i+1)).html("已成熟");
        }
        else{
            $("#landTime"+(i+1)).html(hour+"小时 "+minute+"分 "+second+"秒");
            $("#landMsg"+(i+1)).html("正在生长");
        }
    }
    $("#landPic"+(i+1)).html("<img width='131' height='98' src='"+data[1][i]+"' />");
}
```

landState = data：当前田地中种植的农作物信息。

for(var i=0;i<3;i++) {}：for 循环。

var t = data[0][i]：获取当前田地中农作物距离成熟的剩余时间。

if(t == "无"){}：判断当前田地中是否没有农作物。

$("#landTime"+(i+1)).html("")：设置剩余时间为空。

$("#landMsg"+(i+1)).html("未耕种")：设置当前农作物的状态为"未耕种"。

else{}：判断当前田地中是否有农作物。

```
var second = t % 60;
var minute = Math.floor(t/60);
var hour = Math.floor(minute/60);
minute = minute>=60?minute%60:minute;
```

将距离成熟的剩余时间换算成时、分、秒。

if(t <= 0){}：判断农作物是否已成熟。

$("#landTime"+(i+1)).html("0")：设置当前农作物距离成熟的剩余时间为"0"。

$("#landMsg"+(i+1)).html("已成熟")：设置当前农作物的状态为"已成熟"。

else{}：判断农作物是否未成熟。

$("#landTime"+(i+1)).html(hour+"小时 "+minute+"分 "+second+"秒")：以时、分、秒的格式显示当前农作物距离成熟的剩余时间。

$("#landMsg"+(i+1)).html("正在生长")：设置当前农作物的状态为"正在生长"。

$("#landPic"+(i+1)).html("<img width='131' height='98' src='"+data[1][i]+"' />")：设置当前田地显示的图片。

4）在页面加载后执行。

```
$(document).ready(function(){
    getLandState();
    changeTime();
});
```

$(document).ready(function(){})：在页面加载后执行的代码或函数。

getLandState()：获取当前的田地状态。

创建 gameServer.php 文件，用于对 game.js 文件中的所有 AJAX 操作进行 PHP 处理，代码如下：

```
<?php
header("content-type:text/html;charset=utf-8");
include_once 'mysql.php';
session_start();

$command = $_POST["command"];
//耕种功能
if($command == "2001"){

    //获取参数
    $userId = $_SESSION["userMsg"]["id"];        //用户编号
    $cropId = $_POST["cropId"];                  //农作物编号
    $growTime = time();                          //农作物种植时间
    $landId = $_POST["landId"];                  //田地编号
```

```php
    //查看当前田地中是否有农作物
    $sql1 = "select count(*) from userCrop where userId={$userId} and landId={$landId}";
    $result = queryOne($sql1);

    if($result[0] > 0){
        //返回值为-1，表示当前田地中有农作物
        $arr = array("result"=>-1);
        echo json_encode($arr);
    }
    else{
        //查询当前农作物的种植价格
        $sql2 = "select * from crop where id={$cropId}";
        $crop = queryOne($sql2);
        $price = $crop["price"];

        if($_SESSION["userMsg"]["gold"] < $price){
            //返回值为-2，表示当前用户的金钱不够种植该农作物
            $arr = array("result"=>-2);
            echo json_encode($arr);
        }
        else {
            //修改当前用户拥有的金钱数量
            $sql3 = "update user set gold=gold-{$price} where id={$userId}";
            $result = execute($sql3);
            $_SESSION["userMsg"]["gold"] -= $price;

            //向 userCrop 表中添加记录
            $sql4 = "insert into userCrop(userId,cropId,growTime,landId) values({$userId},{$cropId},'{$growTime}',{$landId})";
            $result = execute($sql4);

            //返回结果
            $arr = array("price"=>$_SESSION["userMsg"]["gold"],"result"=>$result);
            echo json_encode($arr);
        }
    }
}
//获取当前田地中用户种植的农作物信息
elseif($command == "5001"){
    //当前用户种植的农作物信息
    $userId = $_SESSION["userMsg"]["id"];
    $sql = "select a.id,userId,cropId,a.growTime as ucTime,landId,name,b.growTime as cTime,gold,pic from userCrop a,crop b
```

```
    where a.cropId=b.id and userId={$userId} order by landId";
    $userCrop = queryAll($sql);

    //返回结果
    $landInfo = array(
        array("无","无","无"),                           //农作物距离收获的时间
        //田地的图片
        array("images/ground.png","images/ground.png","images/ground.png")
    );
    foreach($userCrop as $v){
        $cropTime = time() - $v["ucTime"];            //农作物已成长的时间
        $result = $v["cTime"] - $cropTime;            //农作物距离成熟的剩余时间
        $landInfo[0][$v["landId"]-1] = $result;       //农作物距离成熟的剩余时间
        $landInfo[1][$v["landId"]-1] = $v["pic"];     //农作物图片
    }
    echo json_encode($landInfo);
}
```

代码讲解：

1）导入文件。

```
include_once 'mysql.php';
```

2）开启 Session。

```
session_start();
```

3）耕种功能。

```
if($command == "2001"){
    //获取参数
    $userId = $_SESSION["userMsg"]["id"];      //用户编号
    $cropId = $_POST["cropId"];                //农作物编号
    $growTime = time();                        //农作物种植时间
    $landId = $_POST["landId"];                //田地编号

    //查看当前田地中是否有农作物
    $sql1 = "select count(*) from userCrop where userId={$userId} and landId={$landId}";
    $result = queryOne($sql1);

    if($result[0] > 0){
        //返回值为-1，表示当前田地中有农作物
        $arr = array("result"=>-1);
        echo json_encode($arr);
    }
    else{
        //查询当前农作物的种植价格
```

```
            $sql2 = "select * from crop where id={$cropId}";
            $crop = queryOne($sql2);
            $price = $crop["price"];

            if($_SESSION["userMsg"]["gold"] < $price){
                //返回值为-2，表示当前用户的金钱不够种植该农作物
                $arr = array("result"=>-2);
                echo json_encode($arr);
            }
            else {
                //修改当前用户拥有的金钱数量
                $sql3 = "update user set gold=gold-{$price} where id={$userId}";
                $result = execute($sql3);
                $_SESSION["userMsg"]["gold"] -= $price;

                //向userCrop表中添加记录
                $sql4 = "insert into userCrop(userId,cropId,growTime,landId) values({$userId},{$cropId},'{$growTime}',{$landId})";
                $result = execute($sql4);

                //返回结果
                $arr = array("price"=>$_SESSION["userMsg"]["gold"],"result"=>$result);
                echo json_encode($arr);
            }
        }
    }
```

if($command == "2001"){}：判断当前操作的状态编码是否为"2001"，状态编码"2001"代表当前操作为耕种操作。

$userId = $_SESSION["userMsg"]["id"]：获取用户编号。

$cropId = $_POST["cropId"]：获取农作物编号。

$growTime = time()：获取农作物种植时间。

$landId = $_POST["landId"]：获取田地编号。

```
    $sql1 = "select count(*) from userCrop where userId={$userId} and landId={$landId}";
    $result = queryOne($sql1);
```

查看当前田地中的农作物数量。

if($result[0] > 0){}：判断当前田地中是否有农作物。

$arr = array("result"=>-1)：返回值为-1，表示当前田地中有农作物。

echo json_encode($arr)：返回$arr。

else{}：判断当前田地中是否没有农作物。

```
$sql2 = "select * from crop where id={$cropId}";
$crop = queryOne($sql2);
$price = $crop["price"];
```

查询当前农作物的种植价格。

if($_SESSION["userMsg"]["gold"] < $price){}：判断当前用户的金钱是否不够种植该农作物。

$arr = array("result"=>-2)：返回值为-2，表示当前用户的金钱不够种植该农作物。

echo json_encode($arr)：返回$arr。

else {}：当前用户的金钱够种植该农作物。

```
$sql3 = "update user set gold=gold-{$price} where id={$userId}";
$result = execute($sql3);
$_SESSION["userMsg"]["gold"] -= $price;
```

修改当前用户拥有的金钱数量。

```
$sql4 = "insert into userCrop(userId,cropId,growTime,landId) values({$userId},{$cropId}, '{$growTime}',{$landId})";
$result = execute($sql4);
```

向 userCrop 表中添加记录。

```
$arr = array("price"=>$_SESSION["userMsg"]["gold"],"result"=>$result);
echo json_encode($arr);
```

返回结果。

4）获取当前田地中用户种植的农作物信息。

```
elseif($command == "5001"){
    //当前用户种植的农作物信息
    $userId = $_SESSION["userMsg"]["id"];
    $sql = "select a.id,userId,cropId,a.growTime as ucTime,landId,name,b.growTime as cTime,gold,pic from userCrop a,crop b
    where a.cropId=b.id and userId={$userId} order by landId";
    $userCrop = queryAll($sql);

    //返回结果
    $landInfo = array(
        array("无","无","无"),                    //农作物距离收获的时间
        //田地的图片
        array("images/ground.png","images/ground.png","images/ground.png")
    );
    foreach($userCrop as $v){
        $cropTime = time() - $v["ucTime"];    //农作物已成长的时间
        $result = $v["cTime"] - $cropTime;    //农作物距离成熟的剩余时间
```

```
        $landInfo[0][$v["landId"]-1] = $result;      //农作物距离成熟的剩余时间
        $landInfo[1][$v["landId"]-1] = $v["pic"];    //农作物图片
    }
    echo json_encode($landInfo);
}
```

elseif($command == "5001"){}：判断当前操作的状态编码是否为"5001"，状态编码"5001"代表查询田地中用户种植的农作物信息。

```
$userId = $_SESSION["userMsg"]["id"];
$sql = "select a.id,userId,cropId,a.growTime as ucTime,landId,name,
b.growTime as cTime, gold,pic from userCrop a,crop b
where a.cropId=b.id and userId={$userId} order by landId";
$userCrop = queryAll($sql)
```

当前用户种植的农作物信息。

$landInfo = array()：定义数组。

array("无","无","无")：农作物距离收获的时间。

array("images/ground.png","images/ground.png","images/ground.png")：田地的图片。

foreach($userCrop as $v){}：通过遍历数组完成数据拼装。

$cropTime = time() - $v["ucTime"]：农作物已成长的时间。

$result = $v["cTime"] - $cropTime：农作物距离成熟的剩余时间。

$landInfo[0][$v["landId"]-1] = $result：农作物距离成熟的剩余时间。

$landInfo[1][$v["landId"]-1] = $v["pic"]：农作物图片。

echo json_encode($landInfo)：返回结果。

步骤 3：收获倒计时

收获倒计时功能是在耕种页面中使用 JavaScript 定时器实现的，在单击"耕种"按钮后显示倒计时，如图 4-25 所示。

图 4-25　收获倒计时

【知识链接】收获倒计时功能的实现原理

在收菜游戏案例中，农作物从种植到收获，有一段等待的时间，并且将距离收获的时间以倒计时的形式呈现在页面中。

实现收获倒计时功能，需要注意以下几点。

- 每种农作物，从种植到收获，都有一个成长时间。例如，白菜的成长时间为 100 秒，胡萝卜的成长时间为 200 秒，西瓜的成长时间为 500 秒。
- 用户在种植农作物时，会记录该农作物的种植时间。需要注意的是，农作物的种植时间是通过 PHP 获取的当前系统的 UNIX 时间戳，存储于数据库中。

距离收获时间的计算公式如下：

距离收获时间=成长时间-（当前时间-种植时间）

💡 **注意**：如果距离收获时间小于或等于 0，则表示农作物已经成熟，否则表示农作物未成熟。

在收菜游戏案例中，通过 AJAX 操作实现收获倒计时功能。也就是说，服务器端的 PHP 程序已经通过公式计算出了距离收获时间，并且将距离收获时间返回给了客户端的 JavaScript 代码。需要注意的是，服务器端返回的距离收获时间，是以秒为单位的，JavaScript 需要将这个时间换算成时、分、秒，并且将其动态显示在页面中。

示例代码如下：

```html
<!DOCTYPE html>
<html>
  <head>
    <title>收获倒计时</title>
    <meta charset="utf-8" />
    <style type="text/css">
      #timeSpan{
        font-size:20px;
      }
    </style>
    <script type="text/javascript" src="js/jquery.min.js"></script>
    <script type="text/javascript">
      var t = 298;                            //距离收获时间，还剩 298 秒
      function changeTime(){
        //将距离收获时间换算成时、分、秒
        var second = t % 60;                  //秒
        var minute = Math.floor(t/60);        //分
```

```javascript
        var hour = Math.floor(minute/60);        //时
        minute = minute>=60?minute%60:minute;   //分钟不得大于60
        if(t <= 0){
            $("#timeSpan").html("0 小时  0 分  0 秒");
        }
        else{
            $("#timeSpan").html(hour+"小时  "+minute+"分  "+second+"秒");
        }
        //距离收获时间每次减1秒
        t--;
        window.setTimeout(changeTime,1000);
    }
    $(function(){
        changeTime();
    });
    </script>
  </head>
  <body>
    <span id="timeSpan"></span>
  </body>
</html>
```

上述示例代码的运行效果如图 4-26 所示。

0小时 4分 58秒

图 4-26 收获倒计时示例的运行效果

在 game.js 文件中编写收获倒计时函数 changeTime()，代码如下：

```javascript
//收获倒计时
function changeTime(){
  if(landState != ""){
    for(var i=0;i<3;i++){
      //当前田地中农作物距离收获的时间（如果没有农作物，那么t=="无"）
      var t = landState[0][i];
      //当前田地中有农作物
      if(t != "无"){
        //将剩余的收获时间换算成时、分、秒
        var second = t % 60;
        var minute = Math.floor(t/60);
        var hour = Math.floor(minute/60);
        minute = minute>=60?minute%60:minute;
        //判断农作物是否可以收获
```

```
            if(t <= 0){
                //农作物已成熟
                $("#landTime"+(i+1)).html("0");
                $("#landMsg"+(i+1)).html("已成熟");
            }
            else{
                //农作物未成熟
                $("#landTime"+(i+1)).html(hour+"小时  "+minute+"分  "+second+"秒");
                $("#landMsg"+(i+1)).html("正在生长");
                landState[0][i]--;
            }
          }
        }
    }
    window.setTimeout("changeTime()",1000);
}

    //在页面加载后执行
$(document).ready(function(){
    getLandState();
    changeTime();
});
```

代码讲解：

1）收获倒计时。

```
function changeTime(){
  if(landState != ""){
  for(var i=0;i<3;i++){
        //当前田地中农作物距离收获的时间（如果没有农作物，那么t=="无"）
        var t = landState[0][i];
        //当前田地中有农作物
        if(t != "无"){
            //将剩余的收获时间换算成时、分、秒
            var second = t % 60;
            var minute = Math.floor(t/60);
            var hour = Math.floor(minute/60);
            minute = minute>=60?minute%60:minute;
            //判断农作物是否可以收获
            if(t <= 0){
                //农作物已成熟
                $("#landTime"+(i+1)).html("0");
                $("#landMsg"+(i+1)).html("已成熟");
```

```
            }
            else{
                //农作物未成熟
                $("#landTime"+(i+1)).html(hour+"小时   "+minute+"分   "+second+"秒");
                $("#landMsg"+(i+1)).html("正在生长");
                landState[0][i]--;
            }
        }
    }
}
window.setTimeout("changeTime()",1000);
}
```

if(landState != ""){}：判断是否有数据。

for(var i=0;i<3;i++){}：遍历数据。

var t = landState[0][i]：当前田地中农作物距离收获的时间（如果没有农作物，那么t=="无"）。

if(t != "无"){}：当前田地中有农作物。

```
var second = t % 60;
var minute = Math.floor(t/60);
var hour = Math.floor(minute/60);
minute = minute>=60?minute%60:minute;
```

将剩余的收获时间换算成时、分、秒。

if(t <= 0){}：判断农作物是否已成熟。

$("#landTime"+(i+1)).html("0")：设置当前农作物距离成熟的剩余时间为"0"。

$("#landMsg"+(i+1)).html("已成熟")：设置当前农作物的状态为"已成熟"。

else{}：判断农作物是否未成熟。

$("#landTime"+(i+1)).html(hour+"小时   "+minute+"分   "+second+"秒")：以时、分、秒的格式显示当前农作物距离成熟的剩余时间。

$("#landMsg"+(i+1)).html("正在生长")：设置当前农作物的状态为"正在生长"。

landState[0][i]--：当前田地中农作物距离收获的时间减1秒。

window.setTimeout("changeTime()",1000)：设置定时器。

2）在页面加载后执行。

```
$(document).ready(function(){
    getLandState();
    changeTime();
});
```

changeTime()：显示倒计时。

上述代码的运行效果如图 4-27 所示。

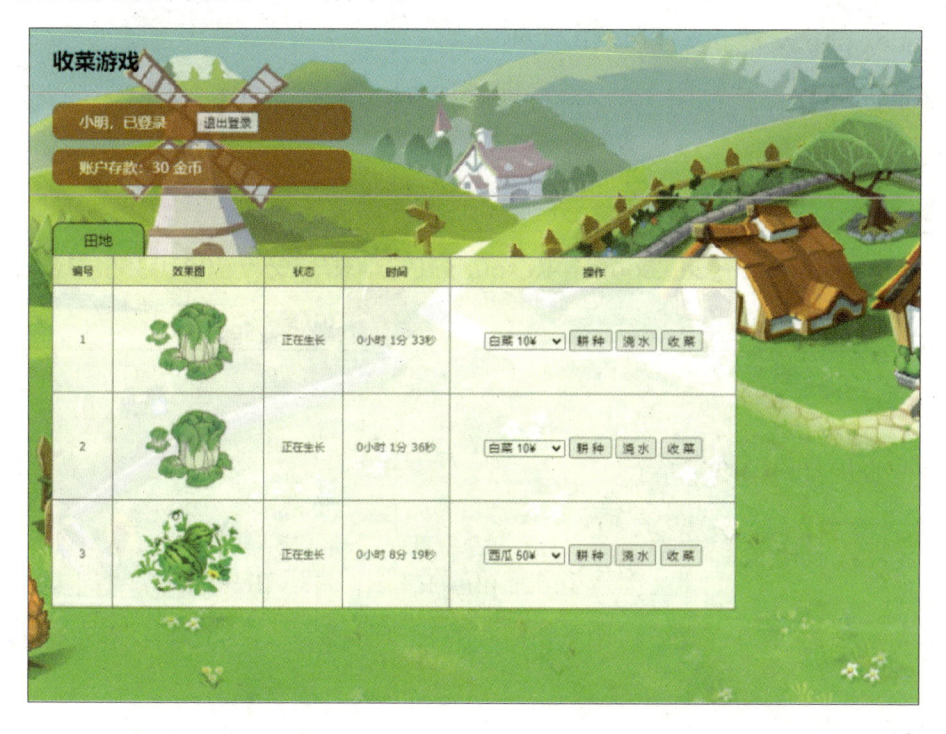

图 4-27　耕种功能与收获倒计时效果

拓展练习

运用所学知识，完成以下拓展练习。

拓展 1：求 5 的倍数

求 5 的倍数效果如图 4-28 所示。

```
5
10
15
20
25
30
35
40
45
50
55
60
65
70
75
80
85
90
95
100
```

图 4-28　求 5 的倍数效果

要求：

1. 创建 index.php 文件，编写 PHP 代码。
2. 利用 for 循环计算并输出 1～100 中所有能被 5 整除的数。

在线做题：

打开浏览器并输入指定地址，在线完成本道练习题。

实训链接：http://www.hxedu.com.cn/Resource/OS/AR/zz/zxy/202103636/18.html

实训码：21ff57fe

拓展 2：累加求和

累加求和的效果如图 4-29 所示。

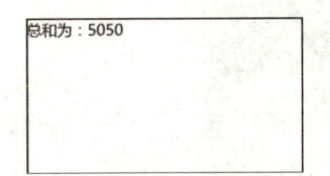

图 4-29　累加求和的效果

要求：

1. 创建 index.php 文件，编写 PHP 代码。
2. 利用 while 循环计算并输出 1～100 中所有整数的和。

在线做题：

打开浏览器并输入指定地址，在线完成本道练习题。

实训链接：http://www.hxedu.com.cn/Resource/OS/AR/zz/zxy/202103636/19.html

实训码：86a46a8f

拓展 3：修改会员信息

修改会员信息的效果如图 4-30 所示。

编号	姓名	性别	年龄	地址	星座	操作
1	小杰	男	17	重庆市	白羊座	修改
2	小琪	女	17	上海市	狮子座	修改
3	小晨	男	15	山东省	摩羯座	修改
4	小东	男	15	山东省	摩羯座	修改
5	小轮	男	18	海南省	摩羯座	修改
6	小伟	男	16	中国香港	天蝎座	修改
7	小薇	女	15	四川省成都市	天蝎座	修改
8	小健	男	16	黑龙江省哈尔滨市	天秤座	修改
9	小朴	男	15	江苏省南京市	天蝎座	修改
10	小胡	男	16	上海市	处女座	修改

图 4-30　修改会员信息的效果

要求：

1. 创建 index.php 文件。

1）制作会员列表页面。

2）使用 PDO 方式连接 MySQL 数据库。

3）查询 userInfo 表中的所有记录，并且将其输出到浏览器页面中。

4）单击“修改”按钮，可以跳转到 update.php 文件对应的页面，并且通过 URL 传参的方式传递 userId 字段的值。

2. 创建 update.php 文件。

1）制作修改会员信息页面。

2）设置表单以 POST 请求方式提交数据。

3）设置表单的提交地址为 save.php 文件。

4）获取 URL 中的 userId 参数。

5）使用 PDO 方式连接 MySQL 数据库。

6）通过 userId 查询 userInfo 表中指定的会员信息。

7）将查询到的会员信息输出到页面指定的表单元素中。

3. 创建 save.php 文件。

1）获取表单提交的数据。

2）使用 PDO 方式连接 MySQL 数据库。

3）通过表单提交的数据修改 userInfo 表中指定的会员信息。

在线做题：

打开浏览器并输入指定地址，在线完成本道练习题。

实训链接：http://www.hxedu.com.cn/Resource/OS/AR/zz/zxy/202103636/20.html

实训码：7609d0ac

拓展 4：新闻查询

新闻查询的效果如图 4-31 所示。

编号	分类	标题	日期
1	国内新闻	山东济南再次遭受雷暴雨袭击	2021-06-01 08:23:12
2	国内新闻	邯郸农行5100万被盗案反思	2021-06-01 08:23:12
3	体育新闻	CBA新赛季五大热门	2021-06-01 08:23:12
4	国内新闻	伟大时刻 北京发出冬奥邀请函	2021-06-01 08:23:12
5	体育新闻	中超新赛季五大看点	2021-06-01 08:23:12
6	体育新闻	丁俊晖最大瓶颈何时能突破	2021-06-01 08:23:12
7	科技新闻	教授展示时间机器的理论模型	2021-06-01 08:23:12
8	体育新闻	太空旅馆计划开始实施 入住3天需400万美元	2021-06-01 08:23:12

图 4-31 新闻查询的效果

要求：

1. 创建 index.php 文件。
2. 制作新闻列表页面。
3. 使用 PDO 方式连接 MySQL 数据库。
4. 通过内连接查询语句查询新闻列表。
5. 数据表说明如下。

1）新闻分类表：newsTypes 表。

2）新闻表：newsArticles 表。

3）两个数据表通过 typeId 字段关联。

6. 查询结果说明。

1）对以上两个数据表进行内连接查询。

2）页面中需要显示的字段如下。

- 编号：articleId（新闻表）。
- 分类：typeName（新闻分类表）。
- 标题：title（新闻表）。
- 日期：dateandtime（新闻表）。

在线做题：

打开浏览器并输入指定地址，在线完成本道练习题。

实训链接：http://www.hxedu.com.cn/Resource/OS/AR/zz/zxy/202103636/21.html

实训码：81d9a3b6

拓展 5：抢购倒计时

抢购倒计时的效果如图 4-32 所示。

图 4-32　抢购倒计时的效果

要求：

1. 创建 index.php 文件。

1）制作抢购倒计时页面。

2）引入 jquery-1.8.3.min.js 文件。

3）编写代码，实现页面载入事件，通过 AJAX 操作获取 server.php 文件中的抢购信息，并且更新页面中显示的数据。

4）server.php 文件返回的抢购信息为 JSON 对象。

ⅰ）如果抢购未开始，那么返回结果如下：

```
{
    "isStart" : 0 ,
    "buying" : 剩余时间
}
```

💡 **注意**：剩余时间为 UNIX 时间戳。

ⅱ）如果抢购已开始，那么返回结果如下：

```
{
    "isStart" : 1 ,
    "buying" : "<a href=''>抢购开始，点击进入...</a>"
}
```

2. 创建 server.php 文件，编写 PHP 代码。

1）使用 PDO 方式连接 MySQL 数据库。

2）查询 buying 表中的记录。

3）buying 表中只有一条记录，用于存储倒计时信息。buying 表的表结构如下。

- id：自增长的编号。
- startTime：抢购开始时间（PHP UNIX 时间戳格式）。

4）使用 PHP 代码查询 buying 表中 startTime 字段的值。

5）使用 PHP 代码计算抢购开始前的剩余时间，计算公式如下：

　　　　抢购开始前的剩余时间=startTime 字段的值-当前 UNIX 时间戳

6）使用 PHP 代码判断抢购是否开始（判断抢购剩余时间是否小于或等于 0）。

ⅰ）如果抢购已开始，那么通过 AJAX 操作返回 JSON 对象，具体如下。

```
{
    "isStart" : 0 ,
    "buying" : 抢购剩余时间
}
```

ii）如果抢购已开始，那么通过 AJAX 操作返回 JSON 对象，具体如下。

```
{
    "isStart" : 1 ,
    "buying" : "<a href=''>抢购开始，点击进入...</a>"
}
```

在线做题：

打开浏览器并输入指定地址，在线完成本道练习题。

实训链接：http://www.hxedu.com.cn/Resource/OS/AR/zz/zxy/202103636/22.html

实训码：1292afc1

测验评价

评价标准：

采 分 点	教师评分 （0～5 分）	自评 （0～5 分）	互评 （0～5 分）
1. PHP 中的循环语句			
• while 语句			
• do-while 语句			
• for 语句			
• foreach 语句			
2. break 语句			
3. continue 语句			
4. PHP 中的自定义函数			
• 函数的定义和调用			
• 参数的默认值			
• 参数的传递方式			
5. 包含文件			
• include 语句			
• include_once 语句			
• require 语句			
• require_once 语句			
6. MySQL 修改记录			
7. MySQL 中的聚合查询			
8. MySQL 中的内连接查询			
9. MySQL 中的排序查询			
10. PHP 中的 JSON 函数			
• json_encode()函数			
• json_decode()函数			
11. 收获倒计时功能的实现原理			

模块 5

收菜

情景导入

对 MySQL 数据库中的数据进行增加、删除、修改、查询操作，查询 MySQL 数据库中更新过的数据并将其显示在页面中是网站开发中非常常见的案例功能模块。用户在耕种页面中使用 PHP 的循环语句、自定义函数，以及 MySQL 的增加、删除、修改、查询语句，可以实现收菜功能，如图 5-1 所示。

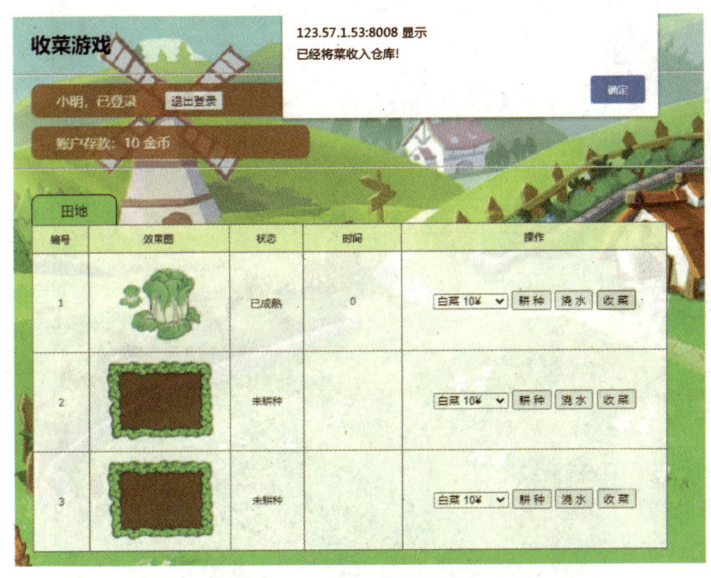

图 5-1 收菜功能

任务分析

使用数据库实现收菜游戏的收菜功能，通常需要 6 个文件。index.php 文件主要用于制作会员登录表单页面。login.php 文件可以通过 PHP 的表单数据处理功能获取表单提交的信息，实现会员登录功能。在会员登录成功后，index.php 文件对应的页面会显示收菜游戏的耕种页面。logout.php 文件主要用于编写会员退出登录功能的相关代码。创建 mysql.php 文件，用于封装数据库函数。在 game.js 文件中编写收菜游戏的 JavaScript AJAX 操作的相关代码，gameServer.php 文件主要用于对 game.js 文件中的所有 AJAX 操作进行 PHP 处理。

任务实施

收菜功能是指在耕种页面选择一种已成熟的农作物，单击"收菜"按钮，将收获的农作物数据存储于 MySQL 数据表中，同时将收获的农作物信息显示在仓库列表中，如图 5-2 所示。

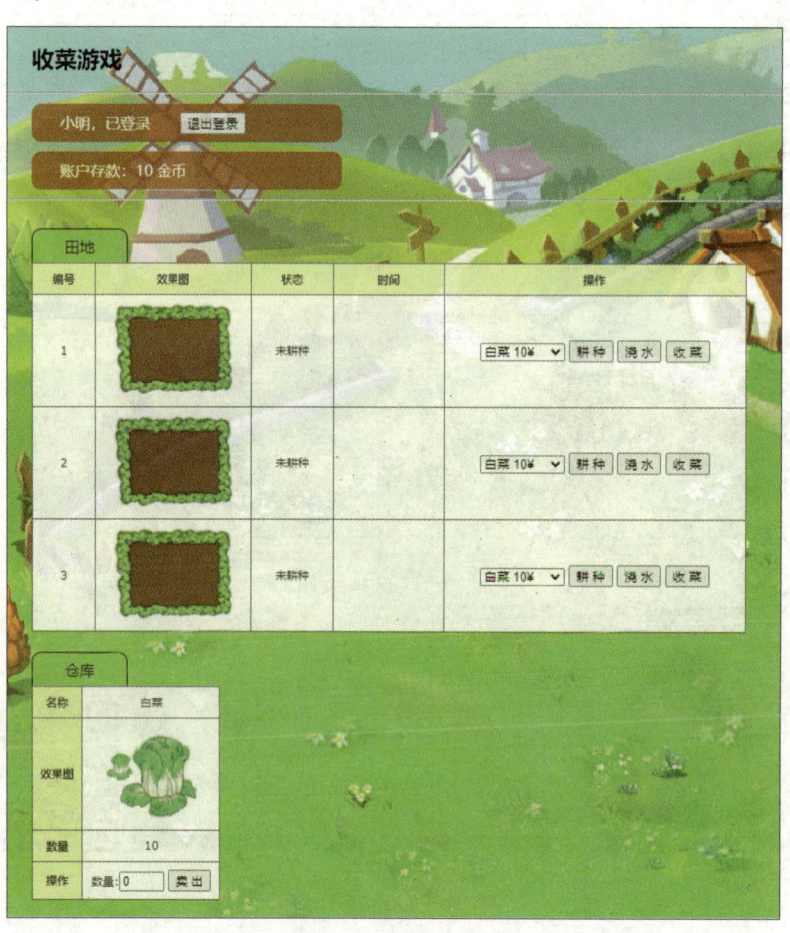

图 5-2　仓库列表

【知识链接】MySQL 中的删除记录

在 MySQL 中，可以使用 delete 语句删除数据表中的记录。

delete 语句的语法格式如下：

```
delete from 表名 where 条件;
```

示例代码如下：

```
delete from user where username='张三';
```

代码讲解：

```
delete from user where username='张三';
```

删除 user 表中 username 字段值为'张三'的记录。

delete from user：表示要删除 user 表中的记录。

where：用于指定删除条件，也就是要删除哪些记录。

username='张三'：删除语句的条件，也就是删除 username 字段值为'张三'的记录。

上述示例代码的运行效果如图 5-3 所示。

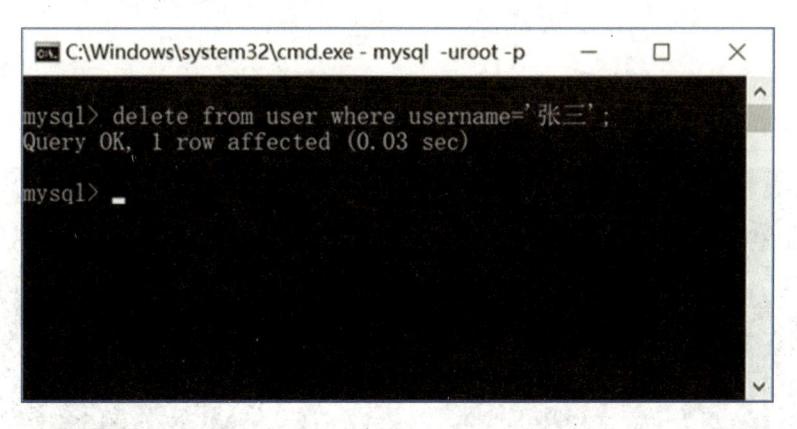

图 5-3　delete 语句示例的运行效果

【知识链接】MySQL 中的清空数据表

在 MySQL 中，清空数据表是指删除数据表中的所有记录。在 MySQL 中，使用 delete 语句、truncate 语句都可以实现清空数据表的功能，但二者在功能上有一些差别。

1. delete 语句

在使用 delete 语句删除记录时，如果不加限制条件，则会将数据表中的所有记录删除，实现清空数据表的功能。

使用 delete 语句清空数据表的语法格式如下：

```
delete from 表名;
```

示例代码如下：

```
delete from user;
```

代码讲解：

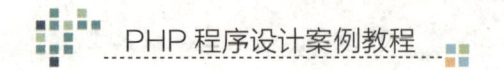

```
delete from user;
```

使用 delete 语句清空 user 表，即删除 user 表中的所有记录。

上述示例代码的运行效果如图 5-4 所示。

2. truncate 语句

truncate 语句主要用于清空数据表。

使用 truncate 语句清空数据表的语法格式如下：

```
truncate table 表名;
```

示例代码如下：

```
truncate table user;
```

代码讲解：

```
truncate table user;
```

使用 truncate 语句清空 user 表，即删除 user 表中的所有记录。

上述示例代码的运行效果如图 5-5 所示。

图 5-4　使用 delete 语句清空数据表示例的运行效果

图 5-5　使用 truncate 语句清空数据表示例的运行效果

delete 语句与 truncate 语句的区别如下：

- truncate 语句的执行速度高于 delete 语句的执行速度。
- 在使用 delete 语句删除记录时，会记录大量的日志信息。
- 在使用 truncate 语句删除记录后，会恢复 auto_increment 的默认值。
- 通过事务无法恢复使用 truncate 语句删除的记录。

在 js 文件夹中创建一个 game.js 文件，编写耕种、浇水、收菜函数 changeCrop() 和获取当前田地状态函数 getLandState()，代码如下：

```
//记录用户在田地中种植的农作物信息
```

```javascript
var landState = "";

//该函数主要用于实现耕种、浇水、收菜的功能
//第1个参数表示田地编号，第2个参数表示当前操作的状态编码
function changeCrop(landId,command){
    var param = {};
    param["command"] = command;
    param["landId"] = landId;
    param["cropId"] = $("#cropId"+landId).val();

    $.ajax({
        type:"post",
        url:"gameServer.php",
        data:param,
        dataType:"json",
        success:function(data){
            //判断当前操作的状态编码是否为"2001"，状态编码"2001"代表当前操作为耕种操作
            if(command == "2001"){
                if(data["result"] > 0){
                    //操作成功
                    $("#userGold").html(data["price"]);//更新当前用户的存款余额
                    getLandState();                    //更新田地状态
                }
                else if(data["result"] == -1){
                    alert("当前田地中有农作物正在生长，还不能种植其他农作物！");
                }
                else if(data["result"] == -2){
                    alert("您金钱的数量，不够种植该农作物！");
                }
            }
            //判断当前操作的状态编码是否为"4001"，状态编码"4001"代表可以收菜
            else if(command == "4001"){
                switch(data["result"]){
                    case 1:
                        alert("田地中还没有农作物，无法收菜！");
                        break;
                    case 2:
                        alert("田地中的农作物还没有成熟，无法收菜！");
                        break;
                    case 3:
                        alert("已经将菜收入仓库！");
                        getLandState();         //更新田地状态
```

```javascript
                    changeStorehouse();    //更新仓库信息
                    break;
            }
        }
    }
    });
}

//获取当前的田地状态
function getLandState(){
    var param = {};
    param["command"] = "5001";

    $.ajax({
        type:"post",
        url:"gameServer.php",
        data:param,
        dataType:"json",
        success:function(data){

            //记录田地状态
            landState = data;

            for(var i=0;i<3;i++){
                var t = data[0][i];
                if(t == "无"){
                    //当前田地中没有农作物
                    $("#landTime"+(i+1)).html("");
                    $("#landMsg"+(i+1)).html("未耕种");
                }
                else{
                    //当前田地中有农作物

                    //将剩余的收获时间换算成时、分、秒
                    var second = t % 60;
                    var minute = Math.floor(t/60);
                    var hour = Math.floor(minute/60);
                    minute = minute>=60?minute%60:minute;
                    //判断农作物是否可以收获
                    if(t <= 0){
                        //农作物已成熟
                        $("#landTime"+(i+1)).html("0");
```

```javascript
                    $("#landMsg"+(i+1)).html("已成熟");
                }
                else{
                    //农作物未成熟
                    $("#landTime"+(i+1)).html(hour+"小时  "+minute+"分  "+second+"秒");
                    $("#landMsg"+(i+1)).html("正在生长");
                }
            }
            //设置当前田地显示的图片
            $("#landPic"+(i+1)).html("<img    width='131'    height='98' src='"+data[1][i]+"' />");
        }
    }
    });
}


//收获倒计时
function changeTime(){
    if(landState != ""){
        for(var i=0;i<3;i++){
            //当前田地中农作物距离收获的时间（如果没有农作物，那么t=="无"）
            var t = landState[0][i];
            
            //当前田地中有农作物
            if(t != "无"){
                //将剩余的收获时间换算成时、分、秒
                var second = t % 60;
                var minute = Math.floor(t/60);
                var hour = Math.floor(minute/60);
                minute = minute>=60?minute%60:minute;
                //判断农作物是否可以收获
                if(t <= 0){
                    //农作物已成熟
                    $("#landTime"+(i+1)).html("0");
                    $("#landMsg"+(i+1)).html("已成熟");
                }
                else{
                    //农作物未成熟
                    $("#landTime"+(i+1)).html(hour+" 小  时  "+minute+" 分  "+second+"秒");
                    $("#landMsg"+(i+1)).html("正在生长");
```

```
                landState[0][i]--;
            }
        }
    }
    window.setTimeout("changeTime()",1000);
}

//更新仓库信息
function changeStorehouse(){
    var param = {};
    param["command"] = "1001";

    $.ajax({
        type:"post",
        url:"gameServer.php",
        data:param,
        success:function(data){
            $("#ckSpan").html(data);
        }
    });
}


//在页面加载后执行
$(document).ready(function(){
    getLandState();
    changeTime();
    changeStorehouse();
});
```

代码讲解：

1）记录当前的田地状态。

```
var landState = "";
```

2）耕种、浇水、收菜函数。

```
//该函数主要用于实现耕种、浇水、收菜的功能
//第1个参数表示田地号，第2个参数表示当前操作的状态编码
function changeCrop(landId,command)
...
//判断当前操作的状态编码是否为"4001"，状态编码"4001"代表可以收菜
else if(command == "4001"){
    switch(data["result"]){
        case 1:
            alert("田地中还没有农作物，无法收菜！");
```

```
                break;
            case 2:
                alert("田地中的农作物还没有成熟，无法收菜！");
                break;
            case 3:
                alert("已经将菜收入仓库！");
                getLandState();          //更新田地状态
                changeStorehouse();      //更新仓库信息
                break;
        }
    }
```

else if(command == "4001")：判断当前操作的状态编码是否为"4001"，状态编码"4001"代表可以收菜。

switch(data["result"]){}：switch 判断。

case 1：判断值是 1。

alert("田地中还没有农作物，无法收菜！")：提示"田地中还没有农作物，无法收菜！"。

break：跳出循环。

case 2：判断值是 2。

alert("田地中的农作物还没有成熟，无法收菜！")：提示"田地中的农作物还没有成熟，无法收菜！"。

break：跳出循环。

case 3：判断值是 3。

alert("已经将菜收入仓库！")：提示"已经将菜收入仓库！"。

getLandState()：更新田地状态。

changeStorehouse()：更新仓库信息。

break：跳出循环。

3）更新仓库信息。

```
function changeStorehouse(){
    var param = {};
    param["command"] = "1001";
    $.ajax({
        type:"post",
        url:"gameServer.php",
        data:param,
        success:function(data){
            $("#ckSpan").html(data);
        }
```

```
    });
}
```

$("#ckSpan").html(data)：将数据显示在仓库列表中。

4）在页面加载后执行。

```
$(document).ready(function(){
    ...
    changeStorehouse();
});
```

$(document).ready(function(){})：在页面加载后执行的代码或函数。

changeStorehouse()：更新仓库信息。

创建 gameServer.php 文件，用于对 game.js 文件中的所有 AJAX 操作进行 PHP 处理。gameServer.php 文件中的代码如下：

```php
<?php
header("content-type:text/html;charset=utf-8");
include_once 'mysql.php';
session_start();

$command = $_POST["command"];

//判断当前操作的状态编码是否为"1001"，状态编码"1001"代表查询当前用户的仓库信息
if($command == "1001"){
    $userId = $_SESSION["userMsg"]["id"];
    $sql = "select a.id,userId,cropId,num,name,pic,gold from userProduct a,crop b where a.cropId=b.id and userId={$userId}";
    $userProduct = queryAll($sql);

    $table = "";
    if(count($userProduct) > 0){
        $table .= "<br/><div class='title_area'>仓库</div>";
        $table .= "<table class='gridtable'>";
        $table .= "<tr>";
        $table .= "<th>名称</th>";
        foreach ($userProduct as $v){
            $table .= "<td>{$v["name"]}</td>";
        }
        $table .= "</tr>";
        $table .= "<tr>";
        $table .= "<th>效果图</th>";
        foreach ($userProduct as $v){
            $table .= "<td><img width='131' height='98' src='{$v["pic"]}'/></td>";
```

```php
            }
            $table .= "</tr>";
            $table .= "<tr>";
            $table .= "<th>数量</th>";
            foreach ($userProduct as $v){
                $table .= "<td>{$v["num"]}</td>";
            }
            $table .= "</tr>";
            $table .= "<tr>";
            $table .= "<th>操作</th>";
            foreach ($userProduct as $v){
                $table .= "<td>数量:<input id='saleCount{$v["id"]}' type='text' value='0' style='width:40px'/><input type='button' value='卖出' /></td>";
            }
            $table .= "</tr>";
            $table .= "</table>";
        }
        echo $table;
    }
    //判断当前操作的状态编码是否为"2001"，状态编码"2001"代表当前操作为耕种操作
    elseif($command == "2001"){

        //获取参数
        $userId = $_SESSION["userMsg"]["id"];      //用户编号
        $cropId = $_POST["cropId"];                //农作物编号
        $growTime = time();                        //农作物种植时间
        $landId = $_POST["landId"];                //田地编号

        //查看当前田地中是否有农作物
        $sql1 = "select count(*) from userCrop where userId={$userId} and landId={$landId}";
        $result = queryOne($sql1);

        if($result[0] > 0){
            //返回值为-1，表示当前田地中有农作物
            $arr = array("result"=>-1);
            echo json_encode($arr);
        }
        else{
            //查询当前农作物的种植价格
            $sql2 = "select * from crop where id={$cropId}";
            $crop = queryOne($sql2);
```

```php
            $price = $crop["price"];

            if($_SESSION["userMsg"]["gold"] < $price){
                //返回值为-2，表示当前用户的金钱不够种植该农作物
                $arr = array("result"=>-2);
                echo json_encode($arr);
            }
            else {
                //修改当前用户拥有的金钱数量
                $sql3 = "update user set gold=gold-{$price} where id={$userId}";
                $result = execute($sql3);
                $_SESSION["userMsg"]["gold"] -= $price;

                //向 userCrop 表中添加记录
                $sql4 = "insert into userCrop(userId,cropId,growTime,landId)values({$userId},{$cropId},'{$growTime}',{$landId})";
                $result = execute($sql4);

                //返回结果
                $arr = array("price"=>$_SESSION["userMsg"]["gold"],"result"=>$result);
                echo json_encode($arr);
            }
        }
    }
    //判断当前操作的状态编码是否为"4001"，状态编码"4001"代表可以收菜
    elseif($command == "4001"){
        $userId = $_SESSION["userMsg"]["id"];
        $landId = $_POST["landId"];

        //查询当前收获的农作物信息
        $sql1 = "select a.id,userId,cropId,a.growTime as ucTime,landId,name,b.growTime as cTime,gold,pic from userCrop a,crop b
        where a.cropId=b.id and userId={$userId} and landId={$landId}";
        $userCrop = queryOne($sql1);

        if($userCrop == NULL){
            //田地中没有农作物
            $arr = array("result"=>1);      //返回值为1，表示当前田地中没有农作物
            echo json_encode($arr);
        }
        else{
            $cropTime = time() - $userCrop["ucTime"];
```

```php
            $result = $userCrop["cTime"] - $cropTime;
        if($result > 0){
            //田地中的农作物还没成熟
            $arr = array("result"=>2);        //返回值为2，表示当前田地中的农作物还没成熟
            echo json_encode($arr);
        }
        else{
            //田地中的农作物已经成熟，收菜

            $cropId = $userCrop["cropId"];    //农作物id

            //查询仓库表中该农作物的信息
            $sql2 = "select * from userProduct where userId={$userId} and cropId={$cropId}";
            $userProduct = queryOne($sql2);

            //向仓库表中添加记录
            if($userProduct == NULL){
                //仓库表表中没有该农作物
                $sql2 = "insert into userProduct(userId,cropId,num) values ({$userId},{$cropId},10)";                 //一次性收获10个农作物
                $result = execute($sql2);
            }
            else{
                //仓库中已经有该农作物了，该农作物数量加10
                $sql3 = "update userProduct set num=num+10 where userId={$userId} and cropId={$cropId}";
                $result = execute($sql3);
            }
            //删除田地中种植的农作物
            $sql4 = "delete from userCrop where userId={$userId} and landId={$landId}";
            $result = execute($sql4);

            //收菜成功
            $arr = array("result"=>3);        //返回值为3，表示收菜成功
            echo json_encode($arr);
        }
    }
}
//判断当前操作的状态编码是否为"5001"，状态编码"5001"代表查询田地中用户种植的农作物信息
```

```
    elseif($command == "5001"){
        $userId = $_SESSION["userMsg"]["id"];
        $sql = "select a.id,userId,cropId,a.growTime as ucTime,landId,name,
b.growTime as cTime,gold,pic from userCrop a,crop b
        where a.cropId=b.id and userId={$userId} order by landId";
        $userCrop = queryAll($sql);

        //返回结果
        $landInfo = array(
            array("无","无","无"),                      //农作物距离收获的时间
            //田地的图片
            array("images/ground.png","images/ground.png","images/ground.png")
        );
        foreach($userCrop as $v){
            $cropTime = time() - $v["ucTime"];    //农作物已成长的时间
            $result = $v["cTime"] - $cropTime;    //农作物距离成熟的剩余时间
            $landInfo[0][$v["landId"]-1] = $result; //农作物距离成熟的剩余时间
            $landInfo[1][$v["landId"]-1] = $v["pic"]; //农作物图片
        }
        echo json_encode($landInfo);
    }
```

代码讲解：

1）获取仓库信息。

```
//判断当前操作的状态编码是否为"1001"，状态编码"1001"代表查询当前用户的仓库信息
if($command == "1001"){
    $userId = $_SESSION["userMsg"]["id"];
    $sql = "select a.id,userId,cropId,num,name,pic,gold from userProduct a,crop b where a.cropId=b.id and userId={$userId}";
    $userProduct = queryAll($sql);

    $table = "";
    if(count($userProduct) > 0){
        $table .= "<br/><div class='title_area'>仓库</div>";
        $table .= "<table class='gridtable'>";
        $table .= "<tr>";
        $table .= "<th>名称</th>";
        foreach ($userProduct as $v){
            $table .= "<td>{$v["name"]}</td>";
        }
        $table .= "</tr>";
        $table .= "<tr>";
```

```php
        $table .= "<th>效果图</th>";
        foreach ($userProduct as $v){
            $table .= "<td><img width='131' height='98' src='{$v["pic"]}' /></td>";
        }
        $table .= "</tr>";
        $table .= "<tr>";
        $table .= "<th>数量</th>";
        foreach ($userProduct as $v){
            $table .= "<td>{$v["num"]}</td>";
        }
        $table .= "</tr>";
        $table .= "<tr>";
        $table .= "<th>操作</th>";
        foreach ($userProduct as $v){
            $table .= "<td>数量:<input id='saleCount{$v["id"]}' type='text' value='0' style='width:40px'/><input type='button' value='卖出' /></td>";
        }
        $table .= "</tr>";
        $table .= "</table>";
    }
    echo $table;
}
```

$userProduct = queryAll($sql)：查询当前用户的仓库信息。

if(count($userProduct) > 0){}：判断当前用户的仓库信息中是否有数据。

foreach ($userProduct as $v){}：通过遍历数组完成当前用户的仓库信息拼装。

echo $table：以表格形式显示当前用户的仓库信息。

2）收菜功能。

```php
//判断当前操作的状态编码是否为"4001"，状态编码"4001"代表可以收菜
elseif($command == "4001"){
  $userId = $_SESSION["userMsg"]["id"];
  $landId = $_POST["landId"];
  
  //查询当前收获的农作物信息
  $sql1 = "select a.id,userId,cropId,a.growTime as ucTime,landId,name,b.growTime as cTime,gold,pic from userCrop a,crop b
    where a.cropId=b.id and userId={$userId} and landId={$landId}";
  $userCrop = queryOne($sql1);
  
  if($userCrop == NULL){
```

```php
        //田地中没有农作物
        $arr = array("result"=>1);        //返回值为1，表示当前田地中没有农作物
        echo json_encode($arr);
    }
    else{
        $cropTime = time() - $userCrop["ucTime"];
        $result = $userCrop["cTime"] - $cropTime;
        if($result > 0){
            //田地中的农作物还没成熟
            $arr = array("result"=>2);    //返回值为2，表示当前田地中的农作物还没成熟
            echo json_encode($arr);
        }
        else{
            //田地中的农作物已经成熟，收菜
            $cropId = $userCrop["cropId"]; //农作物id
            //查询仓库表中该农作物的信息
            $sql2 = "select * from userProduct where userId={$userId} and cropId={$cropId}";
            $userProduct = queryOne($sql2);
            //向仓库表中添加记录
            if($userProduct == NULL){
                //仓库表中没有该农作物
                $sql2 = "insert into userProduct(userId,cropId,num)values({$userId},{$cropId},10)";                    //一次性收获10个农作物
                $result = execute($sql2);
            }
            else{
                //仓库表中已经有该农作物了，该农作物数量加10
                $sql3 = "update userProduct set num=num+10 where userId={$userId} and cropId={$cropId}";
                $result = execute($sql3);
            }
            //删除田地中种植的农作物
            $sql4 = "delete from userCrop where userId={$userId} and landId={$landId}";
            $result = execute($sql4);
            //收菜成功
            $arr = array("result"=>3);    //返回值为3，表示收菜成功
            echo json_encode($arr);
        }
    }
}
```

```
    $sql1 = "select  a.id,userId,cropId,a.growTime  as  ucTime,landId,name,
b.growTime as cTime,gold,pic from userCrop a,crop b where a.cropId=b.id and
userId={$userId} and landId={$landId}";
    $userCrop = queryOne($sql1);
```

查询当前收获的农作物信息。

if($userCrop == NULL){}：判断田地中是否没有农作物。

$arr = array("result"=>1)：返回值为 1，表示当前田地中没有农作物。

echo json_encode($arr)：返回 $arr。

else{}：判断田地中是否有农作物。

$cropTime = time() - $userCrop["ucTime"]：获取农作物已种植的时间。

$result = $userCrop["cTime"] - $cropTime：农作物距离成熟的剩余时间。

if($result > 0){}：判断田地中的农作物是否还没成熟。

$arr = array("result"=>2)：返回值为 2，表示当前田地中的农作物还没成熟。

echo json_encode($arr)：返回 $arr。

else{}：判断田地中的农作物是否已经成熟。

$cropId = $userCrop["cropId"]：农作物 id。

```
    $sql2 = "select  *  from  userProduct  where  userId={$userId}  and  cropId=
{$cropId}";
    $userProduct = queryOne($sql2)
```

查询仓库表中该农作物的信息。

if($userProduct == NULL){}：判断仓库表中是否没有该农作物。

```
    $sql2 = "insert  into  userProduct(userId,cropId,num)  values({$userId},
{$cropId},10)";
    $result = execute($sql2)
```

一次性收获 10 个农作物（向仓库表中添加记录）。

else{}：判断仓库表中是否已经有该农作物了。

```
    $sql3 = "update userProduct set num=num+10 where userId={$userId} and cropId=
{$cropId}";
    $result = execute($sql3);
```

将表中的 num（数量）字段在原有值的基础上加 10（该农作物数量加 10）。

```
    $sql4 = "delete from userCrop where userId={$userId} and landId={$landId}";
    $result = execute($sql4);
```

删除当前田地中种植的农作物。

$arr = array("result"=>3)：返回值为 3，表示收菜成功。

echo json_encode($arr)：返回 $arr 数组。

上述代码的运行效果如图 5-6 所示。

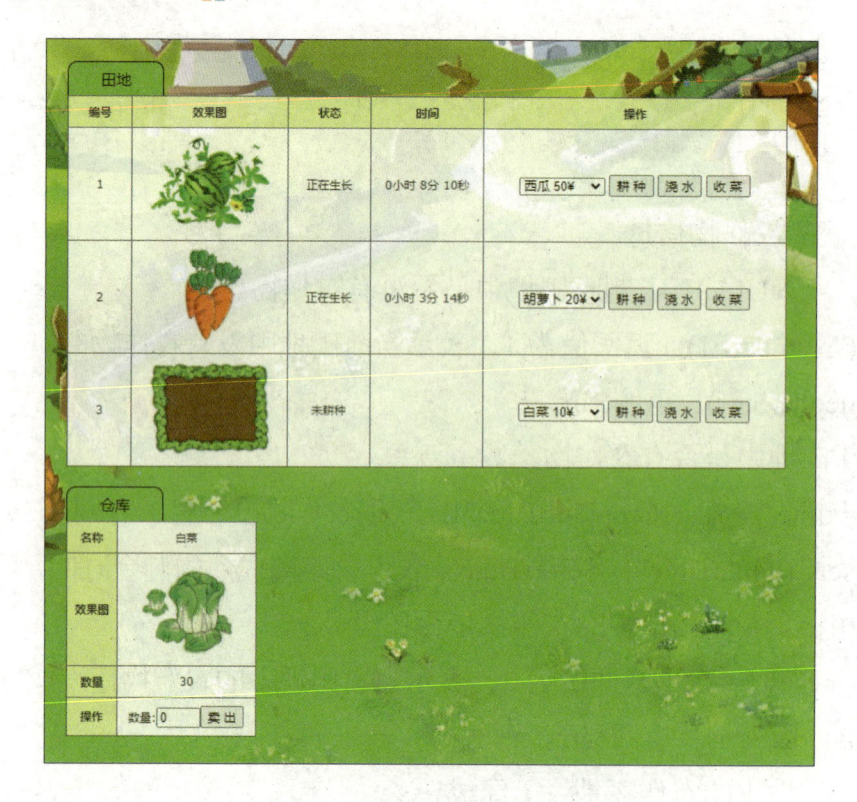

图 5-6　收菜功能与仓库信息

拓展练习

运用所学知识，完成以下拓展练习。

拓展 1：话题列表

话题列表的效果如图 5-7 所示。

图 5-7　话题列表的效果

要求：

1. 创建 index.php 文件。

1）制作话题列表页面。

2）使用 PDO 方式连接 MySQL 数据库。

3）查询 bbsInfo 表中的所有记录，并且将其输出到浏览器页面中。

4）单击"删除"按扭，可以跳转到 delete.php 文件对应的页面，并且通过 URL 传参的方式传递 bbsId 字段的值。

2. 创建 delete.php 文件。

1）获取 URL 中的 bbsId 参数。

2）使用 PDO 方式连接 MySQL 数据库。

3）通过 bbsId 删除 bbsInfo 表中的指定记录。

在线做题：

打开浏览器并输入指定地址，在线完成本道练习题。

实训链接：http://www.hxedu.com.cn/Resource/OS/AR/zz/zxy/202103636/23.html

实训码：18565717

拓展 2：邮件查看系统

邮件查看系统的效果如图 5-8 所示。

图 5-8　邮件查看系统的效果

要求：

1. 创建 mysql.php 文件。

1）通过自定义函数封装 PDO 数据库操作。

2）封装函数说明。

- queryAll()：查询多条记录，返回一个二维数组。
- queryOne()：查询一条记录，返回一个一维数组。
- execute()：执行增加、删除、修改操作，返回受影响的行数。

2. 创建 header.php 文件。

1）制作页面导航菜单，包括"查看邮件"和"发表邮件"超链接。

2）单击"查看邮件"超链接，可以跳转到 index.php 文件对应的页面。

3）单击"发表邮件"超链接，可以跳转到 write.php 文件对应的页面。

3. 创建 index.php 文件。

1）制作邮件列表页面。

2）包含 header.php 文件，用于显示页面导航菜单。

3）包含 mysql.php 文件，用于查询 mailInfo 表中的所有记录，并且将其输出到浏览器页面中。

4）单击邮件标题，可以跳转到 show.php 文件对应的页面，用于查看指定邮件中的内容。

5）单击"删除"按扭，可以跳转到 delete.php 文件对应的页面，用于删除指定邮件。

4. 创建 show.php 文件。

1）制作查看邮件页面。

2）包含 header.php 文件，用于显示页面导航菜单。

3）获取 URL 中的 mailId 参数。

4）包含 mysql.php 文件，可以通过 mailId 查询 mailInfo 表中指定的邮件记录，并且将其输出到浏览器页面中。

5. 创建 delete.php 文件。

1）获取 URL 中的 mailId 参数。

2）包含 mysql.php 文件，可以通过 mailId 删除 mailInfo 表中指定的邮件记录。

6. 创建 write.php 文件。

1）制作发表邮件页面。

2）设置表单以 POST 请求方式提交数据。

3）设置表单的提交地址为 insert.php 文件。

4）包含 header.php 文件，用于显示页面导航菜单。

7. 创建 insert.php 文件。

1）获取表单提交的数据。

2）包含 mysql.php 文件，用于将表单提交的数据添加到 mailInfo 表中。

在线做题：

打开浏览器并输入指定地址，在线完成本道练习题。

实训链接：http://www.hxedu.com.cn/Resource/OS/AR/zz/zxy/202103636/24.html

实训码：92d83393

拓展 3：留言板

留言板的效果如图 5-9 所示。

发送人	发送时间	接收人	信息内容	操作
张三丰	2021-06-02 07:46:16	所有人	今晚不加班，一起去Happy！	删除
林轻侠	2021-06-02 07:46:16	张三丰	发薪水啦，快还钱！	删除
李逍遥	2021-06-02 07:46:16	张三丰	今晚8点野猪林，不见不散！	删除

发布留言　退出系统
留言信息：

图 5-9　留言板的效果

要求：

1. 创建 mysql.php 文件。

1）通过自定义函数封装 PDO 数据库操作。

2）封装函数说明。

- queryAll()：查询多条记录，返回一个二维数组。
- queryOne()：查询一条记录，返回一个一维数组。
- execute()：执行增加、删除、修改操作，返回受影响的行数。

2. 创建 index.php 文件。

1）制作会员登录表单页面。

2）设置会员登录表单以 POST 请求方式提交数据。

3）设置会员登录表单的提交地址为 login.php 文件。

3. 创建 login.php 文件。

1）获取会员登录表单提交的数据。

2）包含 mysql.php 文件，用于实现登录验证功能。

3）如果登录成功，那么将用户信息存储于 Session 中，并且跳转到 show.php 文件对应的页面。

4）如果登录失败，那么跳转到 index.php 文件对应的页面。

4. 创建 show.php 文件。

1）制作查询留言页面。

2）包含 mysql.php 文件，用于查询 wordInfo 表中的所有记录，并且将其输出到浏览器页面中。

3）单击"发布留言"超链接，可以跳转到 write.php 文件对应的页面。

4）单击"退出系统"超链接，可以跳转到 logout.php 文件对应的页面。

5）单击"删除"按扭，可以跳转到 delete.php 文件对应的页面。

5. 创建 logout.php 文件。

1）销毁当前用户的 Session。

2）跳转到 index.php 文件对应的页面。

6. 创建 delete.php 文件。

1）获取 URL 中的 wordId 参数。

2）包含 mysql.php 文件，可以通过 wordId 删除 wordInfo 表中指定的记录。

7. 创建 write.php 文件。

1）制作发布留言表单页面。

2）设置发布留言表单以 POST 请求方式提交数据。

3）设置发布留言表单的提交地址为 insert.php 文件。

8. 创建 insert.php 文件。

1）获取发布留言表单提交的数据。

2）包含 mysql.php 文件，用于将发布留言表单提交的数据添加到 wordInfo 表中。

在线做题：

打开浏览器并输入指定地址，在线完成本道练习题。

实训链接：http://www.hxedu.com.cn/Resource/OS/AR/zz/zxy/202103636/25.html

实训码：f7b600cd

测验评价

评价标准：

采 分 点	教师评分 （0~5 分）	自评 （0~5 分）	互评 （0~5 分）
1. MySQL 中的删除记录 2. MySQL 中的清空数据表			